빛깔있는 책들 301-25

계룡산

글/정종수 ● 사진/서헌강

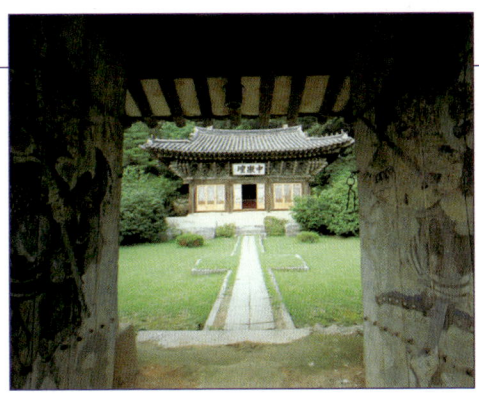

대원사

정종수 ————

중앙대학교 사학과를 졸업하고 동대학원에서 석사와 박사학위를 받았다. 현재 국립민속박물관 학예연구관으로 있다. 논저로는 「조선초기 상장의례연구」, 「계룡산의 도참풍수지리적 고찰」 등 여러 편이 있다.

서헌강 ————

중앙대학교 사진학과를 졸업했으며 『샘이깊은물』 사진부장으로 있다. 사진집으로는 『한국근대100년풍물전』 『제와장』 등이 있다.

계룡산

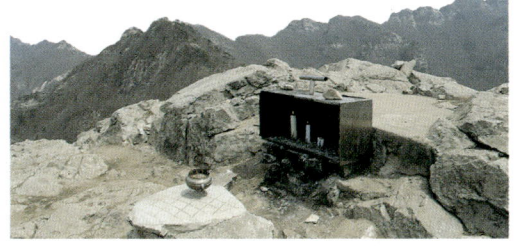

계룡산

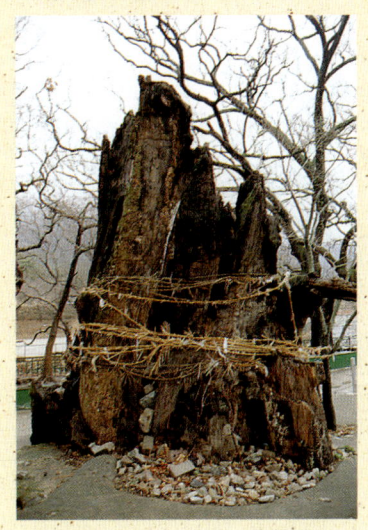

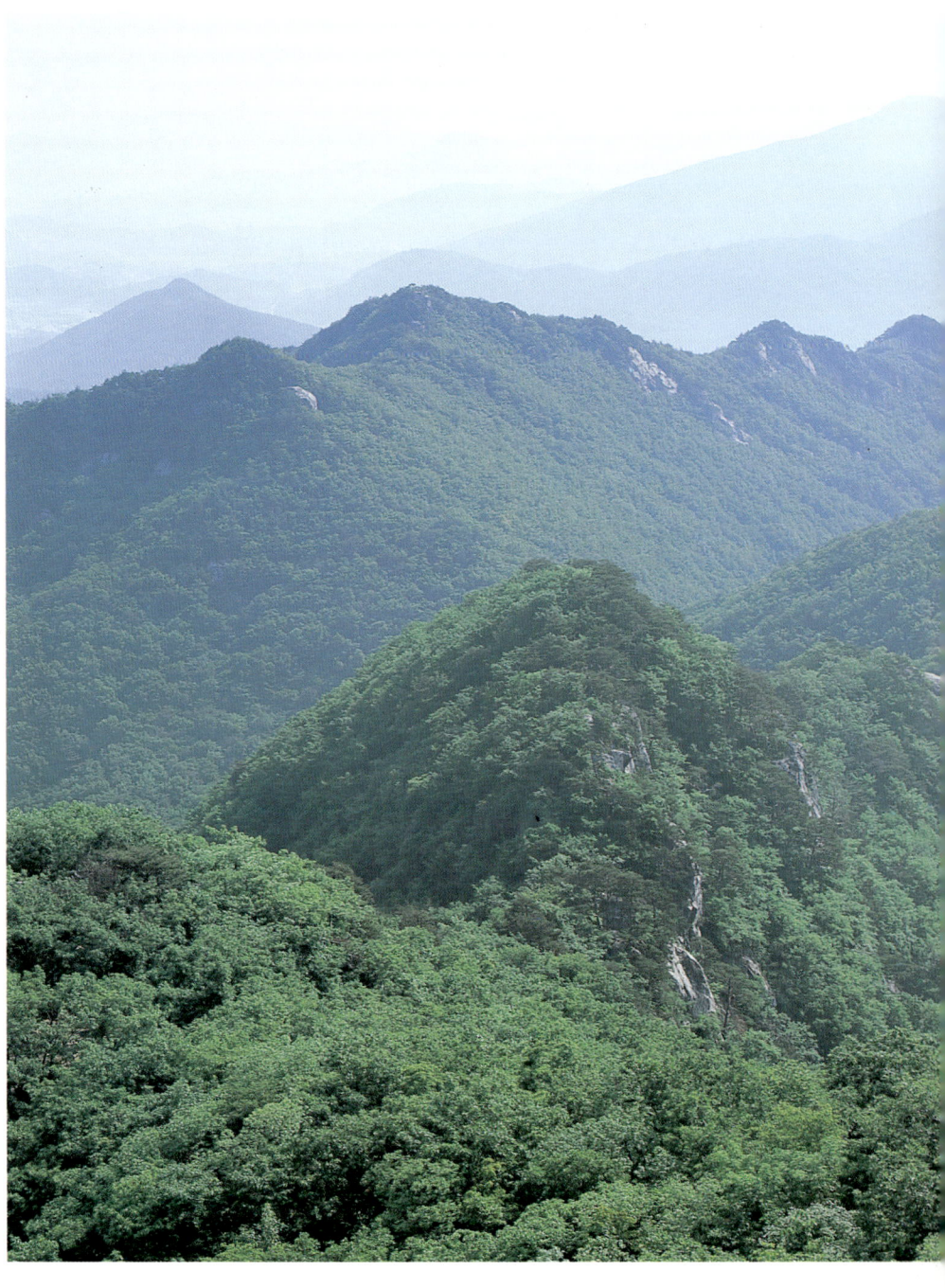

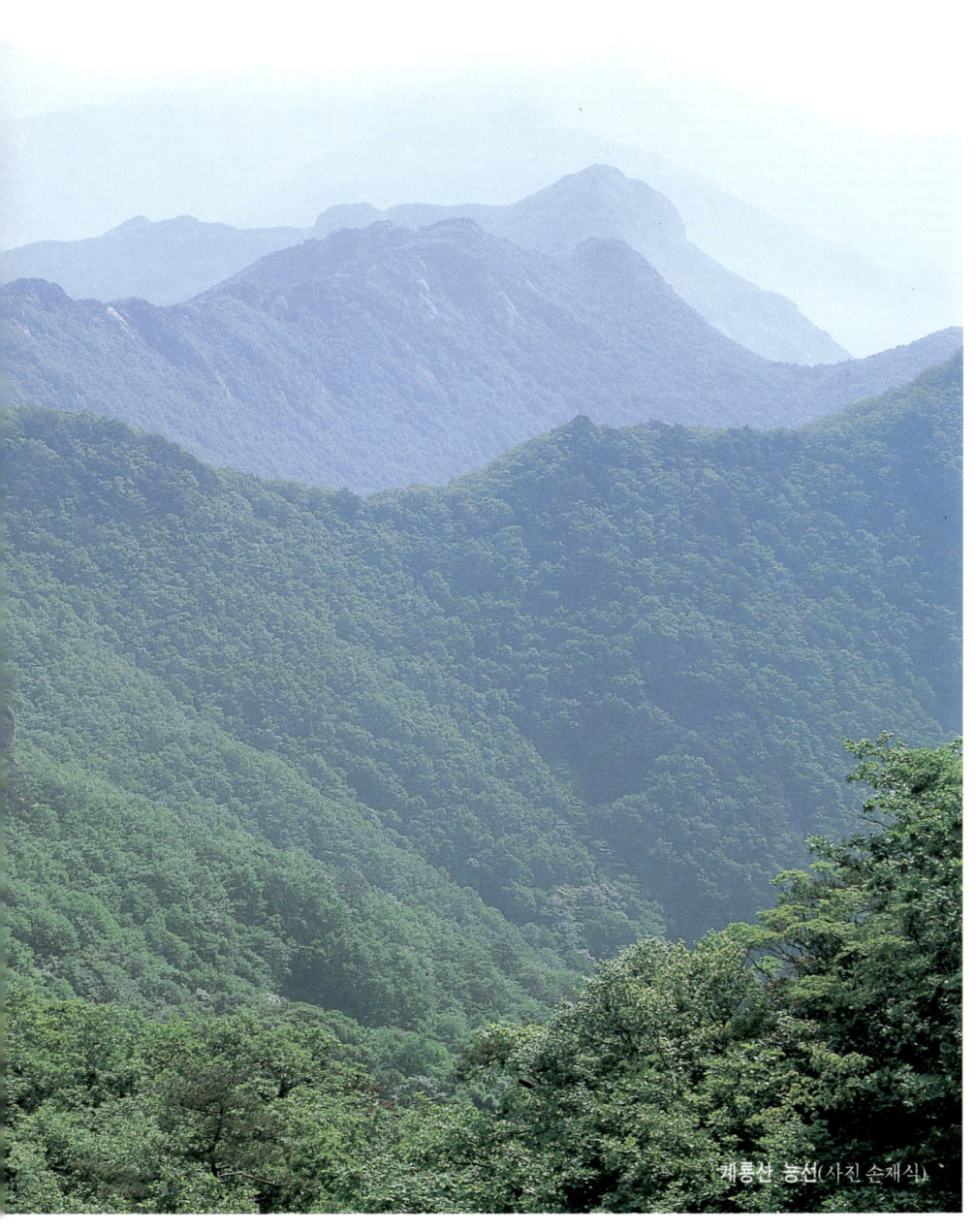

계룡산 능선(사진 손재식)

신들의 꽃밭 계룡산

　계룡산은 충청남도 공주시와 논산군 그리고 대전광역시 일부에 걸쳐 있는 호서 지방의 이름난 명산이다. 크기나 규모로는 크고 높은 산들이 즐비하지만 계룡산만큼 세인들의 관심과 주목을 끈 산도 드물다. 그것은 조선 초기 이성계의 계룡산 신도안 천도설과 『정감록(鄭鑑錄)』에 8백 년 도읍지로 비춰지면서 신흥 종교와 유사 종교 등 각종 종파가 밀집되어 있는 데서도 알 수 있다.

　신도안은 논산군 두마면 계룡산 남쪽에 위치한 지역으로 장차 도읍지가 된다는 풍수 도참의 발원지로 널리 알려져 왔다. 백제 때 신도안은 황등야산군에 속하였고 신라 때에는 황산군 시진현이 되었다. 고려 때에는 연산군 시진현, 조선에 들어와서는 연산군 식한면으로 바뀌었다가 1914년에 논산군 두마면에 귀속되었다. 1931년 신도내 출장소가 설치되었으나 620사업명이란 국가 시책에 의해 1984년 6월 30일을 기해 신도안 지역의 정착인들을 완전 철거토록 하였다.

　서울에서 150킬로미터, 광주에서 140킬로미터, 부산에서 220킬로미터, 대전에서는 15킬로미터 지점에 위치한 계룡산은 대전 유성 쪽에서 공주 쪽으로 향하는 32번 국도와 서대전 인터체인지에서 논산으로 가는 1번 국

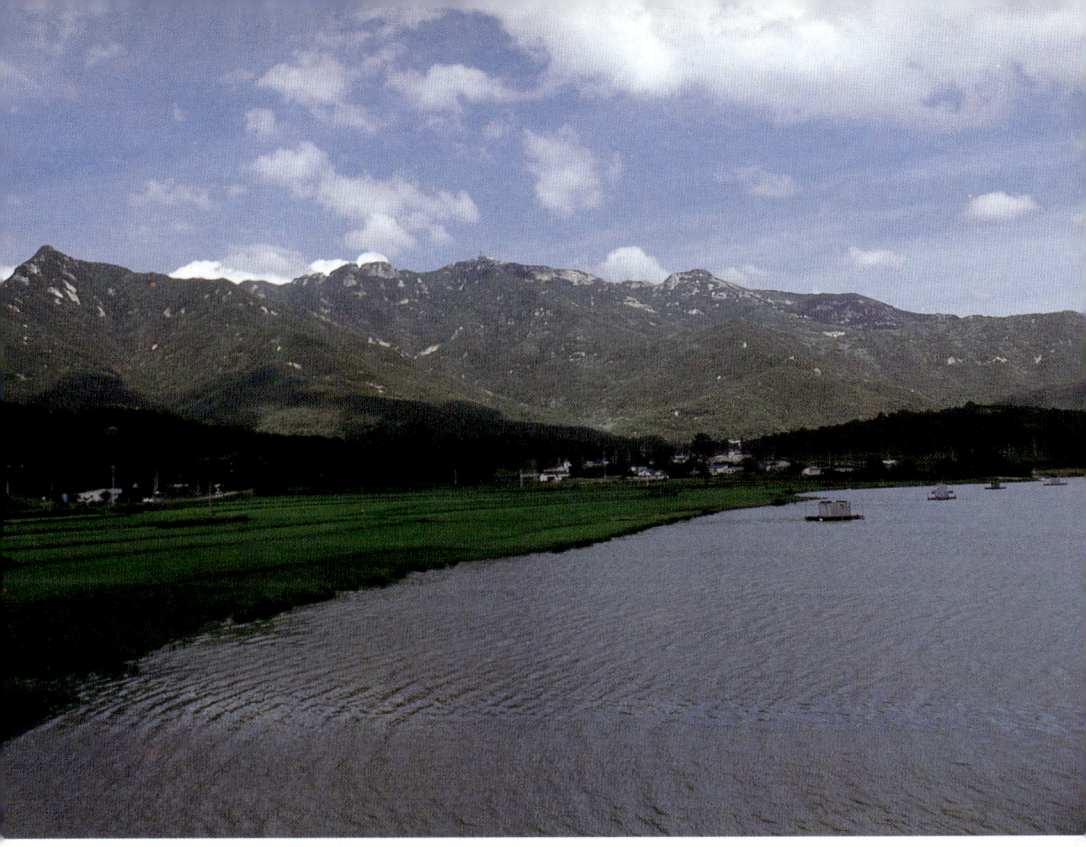

신원사 가는 길목에서 바라본 계룡산　금강을 허리에 두르고 있는 계룡산은 금강의 침식으로 차령산맥의 맥이 끊겨 마치 한무더기로 우뚝 솟아난 것처럼 보인다.

도를 가다가 연산에서 공주 쪽으로 연결되는 23번 지방 도로 안에 자리잡고 있다. 지도상으로 대전, 공주, 논산을 연결하여 삼각형을 그린다면 그 중심부에 자리잡은 것이 바로 계룡산이다. 남한 쪽에서는 전 국토의 중간에 자리잡고 있으며 전체 면적은 60.9제곱킬로미터로 면적의 절반은 공주시가 차지하고 있다. 공원 지역에는 식물 611종, 조류 158종, 산짐승 23종, 곤충 171종, 버섯 13종이 분포되어 있다.

　계룡산에는 지정 문화재를 비롯하여 동쪽의 동학사, 서쪽의 갑사, 남쪽의 신원사가 현재까지 보존되고 있다.

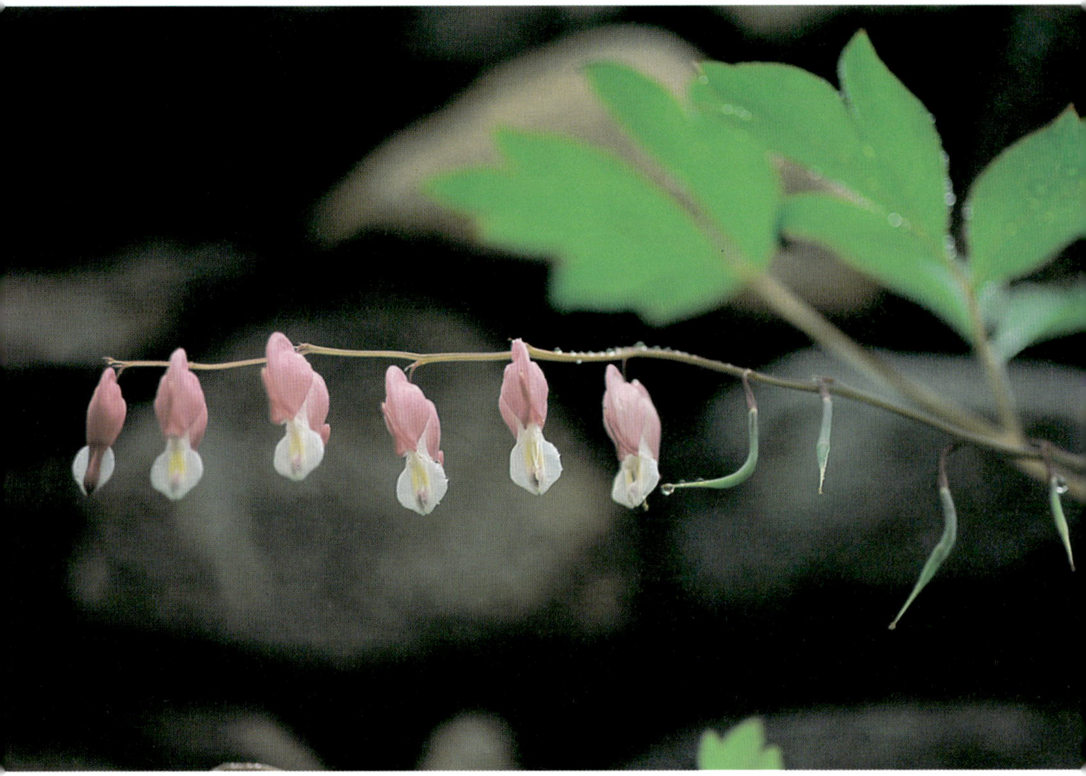

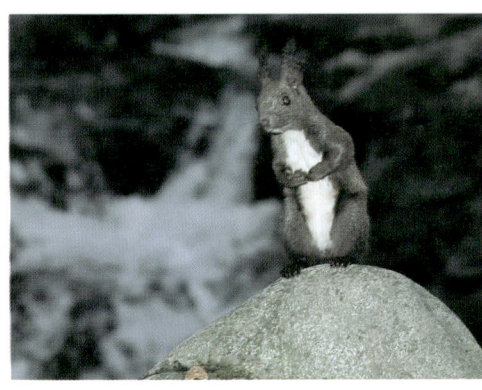

금낭화 양지바른 바위틈에서
자라는 금낭화는 휘어진 꽃줄
기에 주머니 모양의 꽃을 여러
개씩 달고 핀다.(위)

청설모 계룡산 어디에서나
볼 수 있는 청설모는 다람쥐과
의 포유동물로 도토리, 머루,
산포도 등을 먹고 산다.(왼쪽)

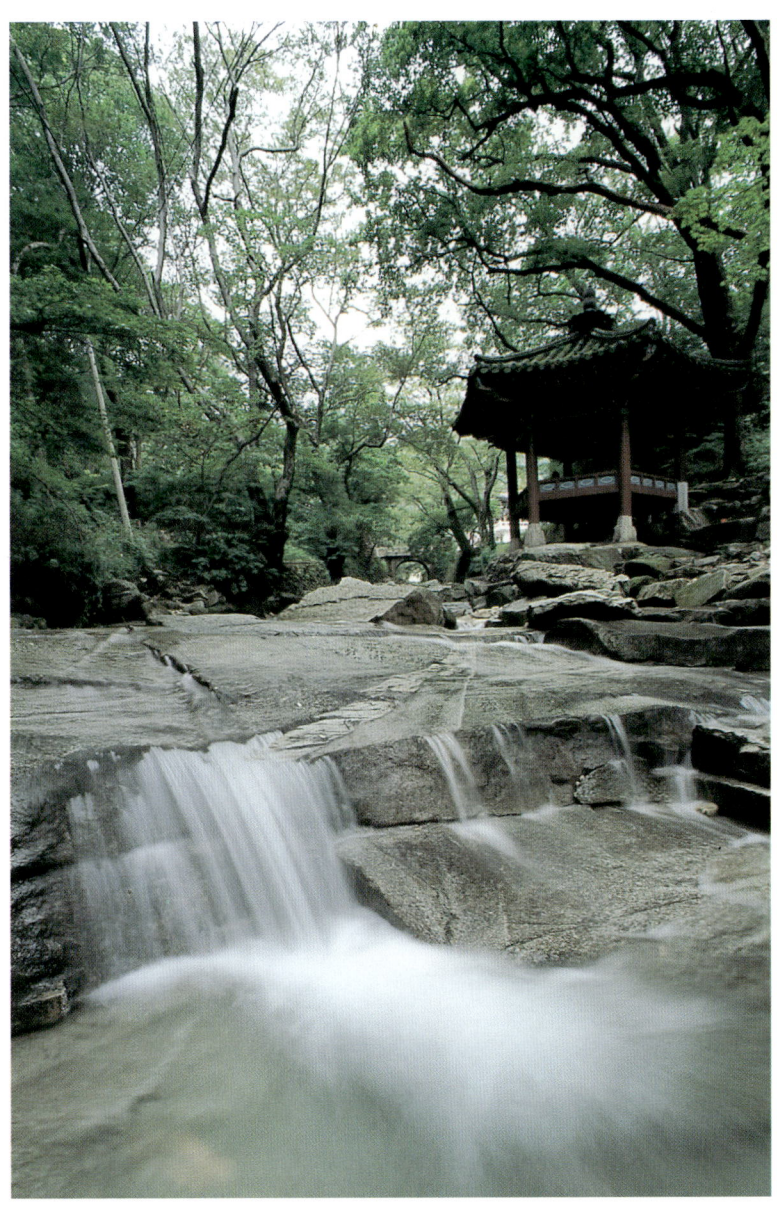

동학사 입구 계곡 계곡 물이 쪽빛처럼 푸르다 하여 계람산이라 불리기도 했던 계룡산은 계곡마다 소와 폭포를 안고 있고 수목의 절반 이상이 침엽수여서 늘 푸른 인상을 준다.

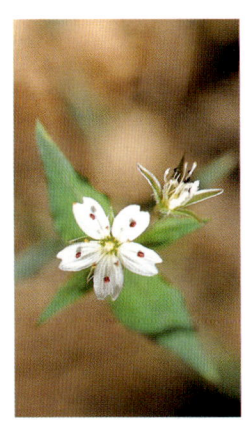
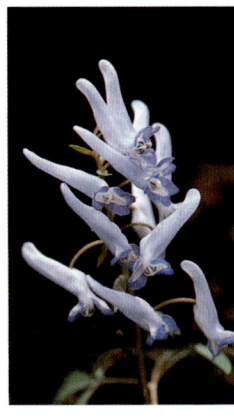

큰개별꽃 이른봄부터 작은 별 모양의 흰 꽃이 피는 희귀종이다.(왼쪽)

현호색 양귀비과의 독이 있는 풀로 이른봄 양지바른 숲 속이나 논둑에서 연한 하늘색의 꽃을 피운다.(오른쪽)

　북쪽의 구룡사(현재 절터만 남아 있음) 등 유서 깊은 불교 유적을 비롯하여 단종의 영혼과 세조에게 죽음과 불사로 항거한 충신 열사의 혼을 모신 숙모전(肅慕殿) 등 문화 유적들이 산재해 있다. 지정 문화재가 15점, 비지정 문화재가 13점이 있고 크고 작은 사찰이 22개소나 있다. 그리고 산봉우리가 15봉, 계곡이 7곳, 폭포가 3곳, 이름난 암굴도 5곳이나 된다. 산의 생김새가 아름다울 뿐만 아니라 그 많은 계곡마다 소(沼)와 폭포를 안고 있고 수목의 절반 이상이 침엽수여서 늘 푸른 인상을 준다.

　지리적으로 계룡산은 태백산맥에서 갈려 나온 차령산맥이 서남쪽으로 뻗어 나가다가 금강의 침식으로 허리가 잘리면서 분리되어 형성된 잔구이다. 대부분의 지형이 5백 고지가 못 되는, 중부 지방에서 유독 우뚝 솟은 산으로 어느 산맥에도 속하지 않는 외톨이처럼 보인다. 다시 말해 금강을 허리에 두르고 있는 계룡산은 금강의 침식으로 맥이 끊겨 마치 한무더기로 우뚝 솟아난 것처럼 보인다. 결과적으로 산과 물길이 바람개비처럼 신도안을 감싸고 돌아 천하의 길지를 이루고 있다고 말해진다.

　신도안 주위 봉우리들은 사방에서 사신팔장(四神八將)이 둘러싸 나성을 이루며, 삼길육수방(三吉六秀方)의 영봉들이 정기를 내뿜어 신도안을 비추는 형국을 이루어 계룡산의 여의주가 되었다.

계룡산은 국도 풍수 도참설에 힘입고, 자연적 지리 요건에 의해 임진왜란 이후 지속된 전란과 사회 혼란에서 몸을 보존하면서 새로운 지상 천국을 대망하는 이들을 이곳으로 불러들여 한때 한국 신흥 종교의 성지로서 그 이름을 날렸다. 누구든지 이곳으로 들어와 득세하는 기미만 보이면 『정감록』의 반왕조적인 이상을 꿈꾼다 하여 관가의 주목을 받았다.

신도안에 종교촌이 형성되기 시작한 것은 1924년 2월 13일 동학의 한 교단인 시천교 제3세 교주 김구암이 황해도와 평안도의 신도 약 2천여 명을 데리고 서울 가회동 본부를 신기(神氣)의 땅 신도안으로 옮기고부터이다. 이를 계기로 신도안은 본격적인 신들의 꽃밭이 되기 시작하였다. 1970년대 중반 계룡산 국립공원 지정 사업 추진을 계기로 조사한 보고서에 의하면 동학계, 무속계, 기독교 등 각종 교단수는 무려 104개에 이른다. 밝혀지지 않은 교까지 합하면 그 수는 훨씬 많았을 것이며 당시에는 누구든지 이곳에 문패만 걸어도 교주가 될 수 있었을 정도니 가히 신들의 꽃밭이라 아니할 수 없다.

산 이름의 유래

　예로부터 계룡산은 계람산(鷄籃山), 옹산(翁山), 서악(西岳), 중악(中岳), 계악(鷄岳), 계립(鷄立), 마목현(麻木峴), 마골산(麻骨山), 마곡산(麻穀山) 등 여러 이름으로 불렸다.

　계곡 물이 쪽빛처럼 푸르다 하여 계람산으로 불리기도 하는데 산세와 관련하여 붙여진 이름으로는 구룡산(九龍山), 용산(龍山), 화채산(火彩山), 화산(火山) 등이 있다. 계룡산은 주봉인 상봉(천왕봉, 845미터)—연천봉(740미터)—삼불봉(750미터)으로 이어지는 능선이 마치 닭볏을 쓴 용의 모양을 닮았다고 하여 붙여진 이름이다.

　무학 대사가 신도를 정하기 위해 태조와 함께 이곳을 둘러보고 "이 산은 한편으로는 금계포란형(錦鷄抱卵形)이요, 또 한편으로는 비룡승천형(飛龍昇天形)이니 두 주체를 따서 계룡(鷄龍)이라 부르는 것이 마땅하다"라고 한 데서 계룡산이라 불리게 되었다는 전설도 있다. 특히 상봉과 쌀개봉을 이은 능선의 꼴이 닭의 볏처럼 생겼다 한다.

　또한 금계포란형(금닭이 알을 품는 형국)의 닭 계(鷄) 자와 쌍룡농주형(雙龍弄珠形, 두 용이 여의주를 어르는 모습)의 용(龍) 자를 한데 붙여 계룡산이라 하였다고도 한다.

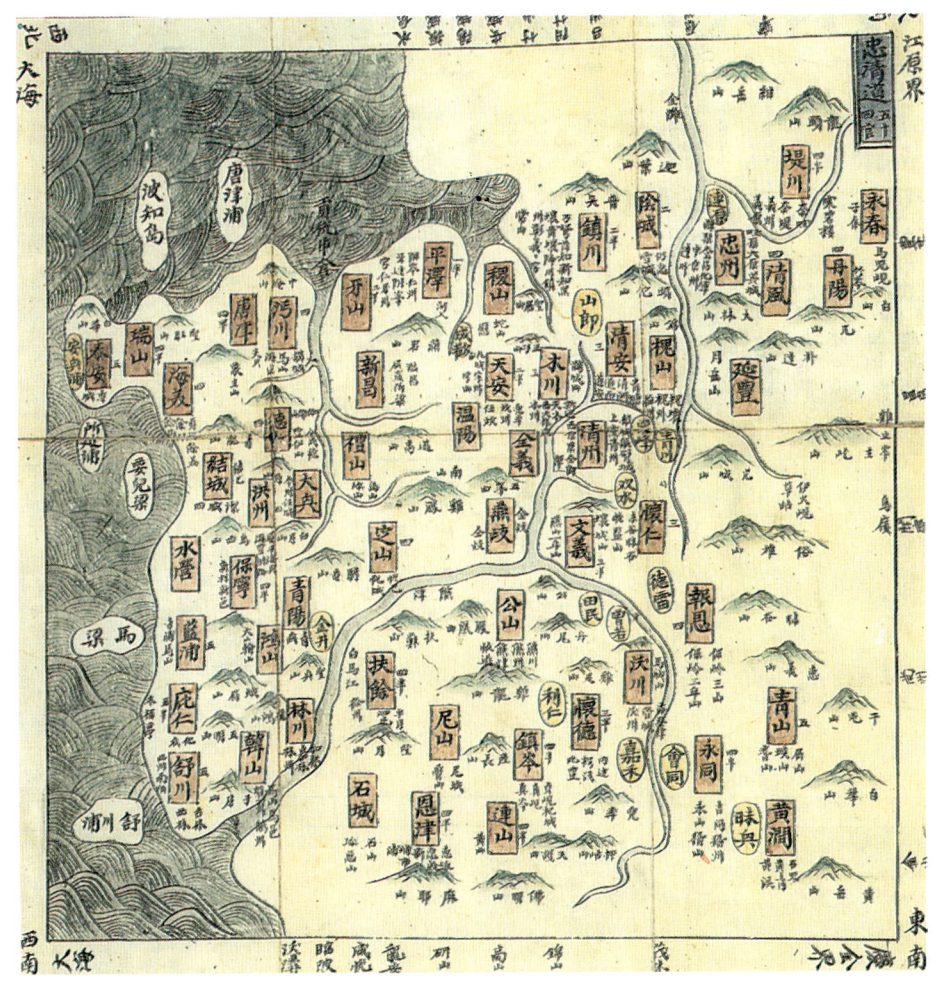

「팔도지지」에 보이는 충청도 17세기 초에 제작된 이 지도를 보면 계룡산을 중심으로 금강이 반월형을 그리며 서해로 흘러간다.

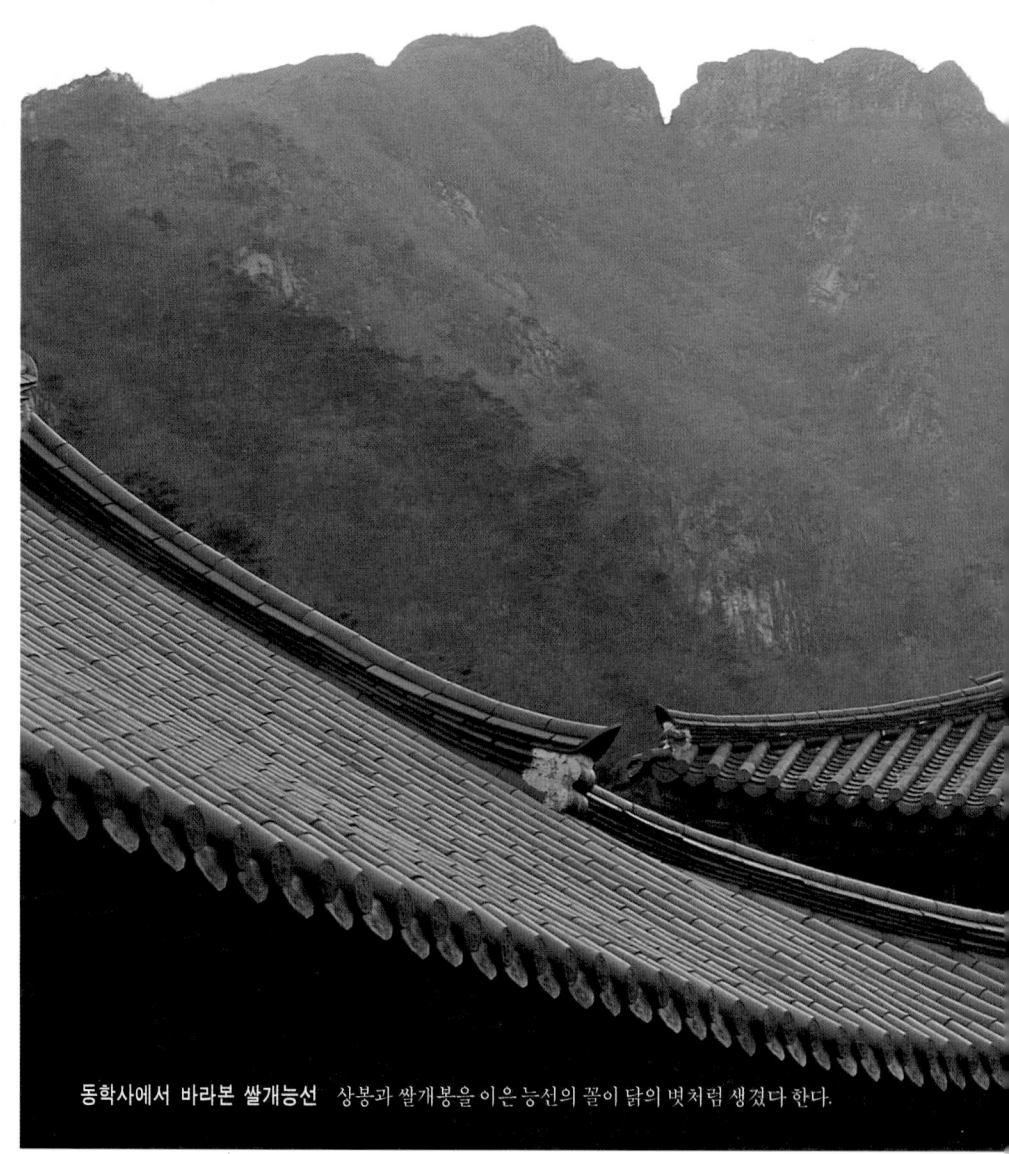

동학사에서 바라본 쌀개능선 상봉과 쌀개봉을 이은 능선의 꼴이 닭의 볏처럼 생겼다 한다.

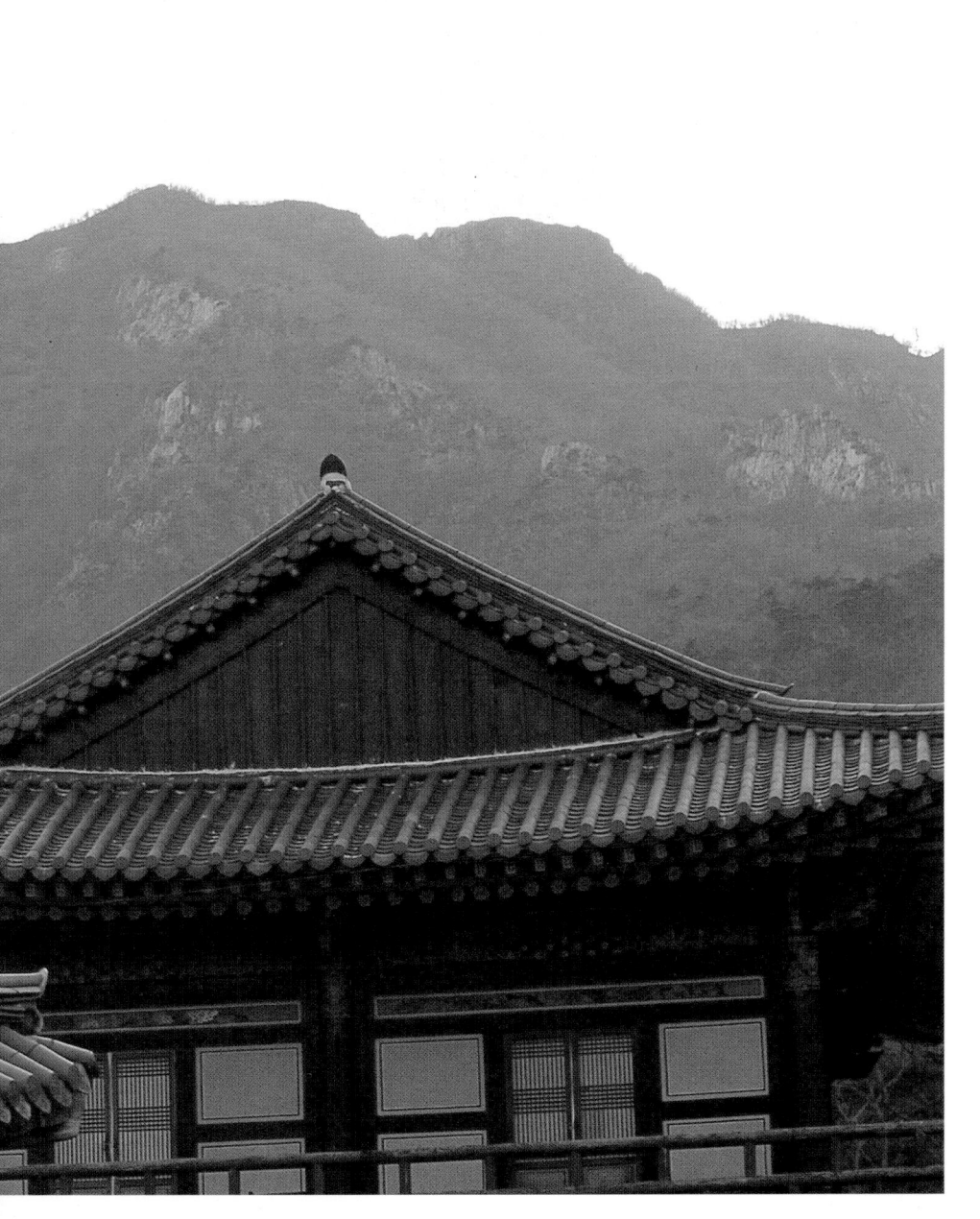

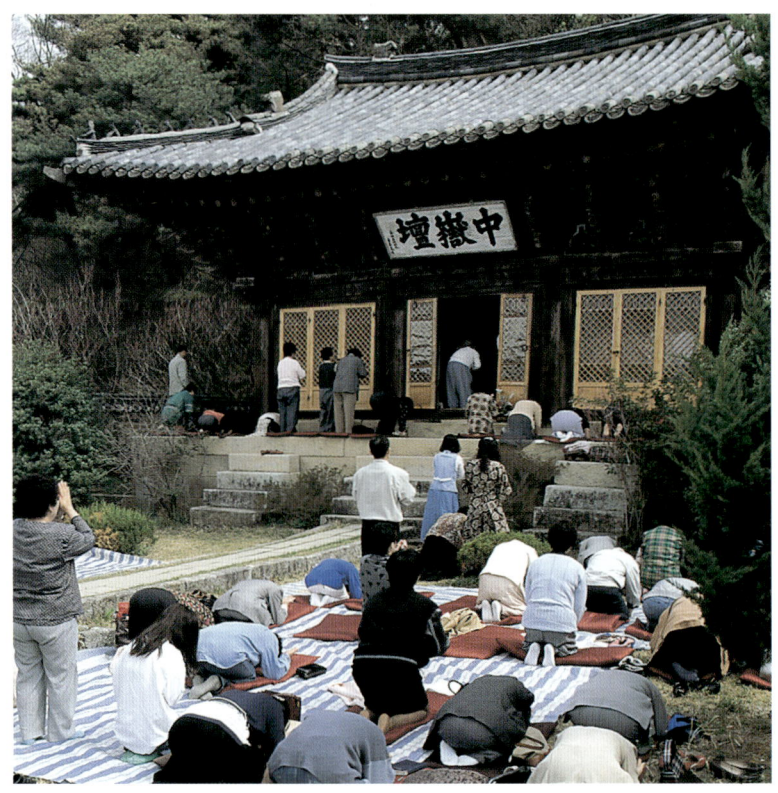

중악단 신원사 경내에 있는 중악단은 산신에게 제사를 지냈던 대표적인 제단으로 조선시대에는 왕족이 제사를 모셨지만 지금은 일반 신도들이 모신다.

멀리 닭이 머리를 쳐들고 있는 모습과 같고 산 밑부분은 용의 비늘처럼 보여 닭이 화하여 용이 되었다는 계화위룡(鷄化爲龍)에서 계룡이 되었다고 하기도 한다.

사방에 계곡과 용추(龍秋)가 있다고 하여 용산이라고도 부른다. 연이은 봉우리들이 마치 9마리 용이 꿈틀거리는 것처럼 보인다 하여 구룡산이라 하고 산세가 타오르는 불꽃과 같다 하여 화산 또는 화채산이라 불렸으니,

계룡산은 다른 어느 산보다 다양한 명칭을 가지고 있는 것이다.

역사적으로 계룡산이란 명칭은 천여 년 전 신라시대에 이미 사용되었다.『삼국유사』에 의하면 북으로는 백두산, 남으로는 지리산, 동으로는 금강산, 서로는 묘향산, 그 중앙에 계룡산이 있다고 하였다. 계룡산은 오악 가운데서도 중악으로 진가를 더했다. 통일신라 이후에는 이른바 오악 중의 서악으로 제사를 올려 왔다. 백제 때에는 계산, 계람산으로 불렸으며 삼국 이전의 삼한시대에는 지금과는 달리 천태산(天台山)으로 불렸다.

조선시대에는 묘향산의 상악단(上嶽壇), 지리산의 하악단(下嶽壇)과 함께 계룡산에 중악단(中嶽壇)을 설치하였다. 중악단은 계룡산 연천봉 남쪽 하단에 위치한 신원사(新元寺) 경내에 있는데 상악단, 하악단과 더불어 산신에게 제사를 지냈던 대표적인 제단으로 알려져 있다. 특히 신원사는 이성계가 애지중지하였던 사찰인데 왜냐하면 자신의 산신 기도를 통해 제왕의 자리에 오를 수 있었던 터가 바로 신원사이기 때문이다.

계룡산에 대한 가장 오랜 기록은 중국 당나라 때 장초금(張楚金)이 지은 『한원(翰苑)』에 보인다. 이 기록에 의하면 "백제 동쪽에 계람산이 있다" 또는 '계산동치(鷄山東峙)'라 하여 대체로 계룡산과 상통한다. 곧 계룡과 계람은 서로 같은 의미로 쓰였던 것으로 여겨진다.

풍수지리적 특징

계룡산의 풍수론

계룡산의 상봉은 창천에 포효하는 용의 상이다. 상봉에서부터 솟구치다가 천봉만학을 이루며 동북간으로 내뻗친 연천봉 · 사련봉 · 삼불봉의 한 줄기 맥은 완미(完美)한 남성의 표상을 이루고, 다시 상봉에서 장군봉을 흘러내려가 유성 평야에 자취를 감춘 잠룡(潛龍)의 맥은 여성의 부드러움을 나타낸다. 그래서 이곳은 자웅양룡(雌雄兩龍)이 합칠 수 없는 계곡을 사이에 두고 태고적부터 순열의 연모의 정을 바치는 양룡연루지형(兩龍戀淚之形)과 같다고 한다.

계룡산은 겹산이 아닌 홑산이라 물이 적고 내가 모두 건천이 되었다고 한다. 그러나 비록 계룡산이 홑산이나 주위의 산들이 이 산을 향해 읊조리는 형국을 취하고 있어 명산이라 할 수 있다.

지금까지 많은 술사들은 계룡산의 산세를 풍수적으로 산태극 수태극형, 회룡고조형(回龍顧祖形), 금계포란형, 쌍룡농주형, 일룡농주형(日龍弄珠形), 유룡농주형(遊龍弄珠形), 비룡승천형, 비룡봉익형(飛龍鳳翊形) 등으로 표현한다.

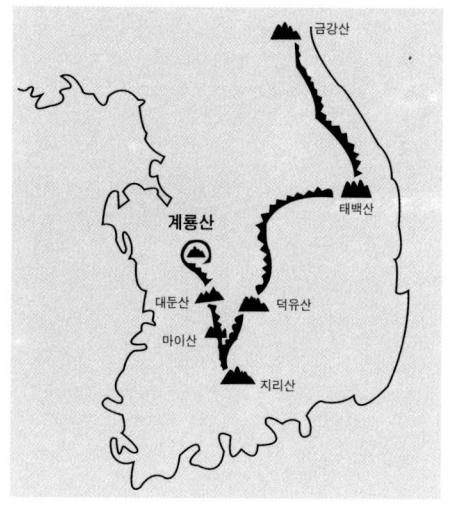

계룡산의 용맥 태백산맥의 한 줄기가 서남쪽으로 뻗어 내려와 지리산을 이루었고 여기서 다시 북쪽으로 머리를 돌려 3백 리를 역룡하여 반달 모양으로 우회하며 계룡산을 만들었다.

산태극 수태극형, 회룡고조형

계룡산을 풍수적으로 운위할 때 가장 두드러지게 표현하는 말이 산태극 수태극과 회룡고조이다. 이는 모두 계룡산과 주위 산천의 형세를 가지고 표현한 형국론적 술어이다.

경북 태백산의 한 줄기가 풍기 계립령(鷄立嶺)을 거쳐 충북 속리산이 되었고, 그 맥의 한 가지가 서남으로 내려와 무주 덕유산, 안의 장안산을 이루었다. 여기서 한 가지가 남쪽으로 뻗어 지리산을 이루었으며 다른 한 가지는 서남쪽으로 꺾여 경북 팔공산으로 내려갔다. 지리산으로 뻗은 줄기는 다시 북쪽으로 머리를 돌리면서 무주 덕유산－진안 마이산에서 3백 리를 거슬러 와 공주 동쪽에 이르러 반달 모양(C자형)으로 우회하여 '조상을 돌이켜보는 형세'를 이루었다. 이는 곧 '자지리산(自智異山) 역룡삼백리(逆龍三百里) 회룡고조(回龍顧祖)'란 말로, 지리산으로부터 출발한 산맥이 거꾸로 북상하여 3백 리를 올라가 계룡산에서 다시 동남으로 약간 남하하는 형국으로 되어 자기의 근본을 돌아보는 모습을 뜻한다. 즉 지리산

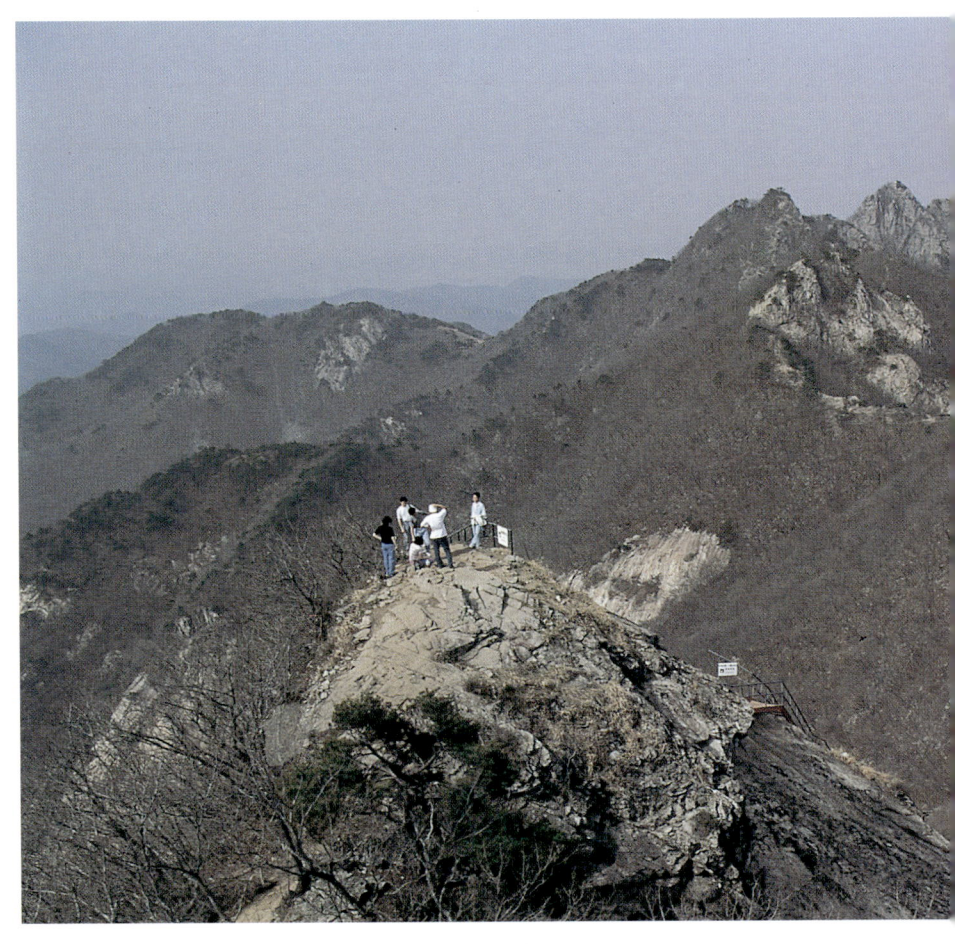

에서 시작된 계룡산은 마이산을 거쳐 한참 거슬러 와 논산군 두마면 천마산 자락 양정고개에서 잠시 쉬었다가 다시 힘차게 약진하여 국사봉 – 맨재 – 연천봉 – 계룡산 상봉으로 이어진다.

　계룡산의 수태극은 물의 발원지에 의해 크게 대태극(大太極)과 소태극(小太極)으로 나누어진다. 소태극이란 계룡산에서 흘러내리는 물이 신도

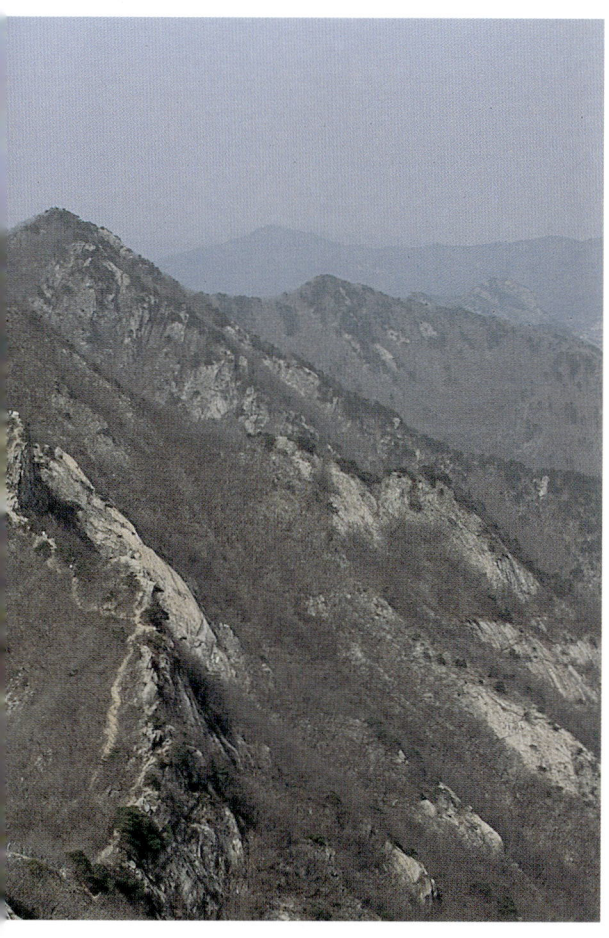

전망대에서 바라본 삼불봉 숨차게 올라온 산의 기가 국사봉에서 한 번 멈칫 뭉쳤다가 북쪽으로 밀어 상봉을 이루고 그 동쪽으로 삼불봉을 이루었다. 삼불이란 부처 셋이 나란히 서 있는 모습과 같다 하여 붙여진 이름이다.

안을 거쳐 동남으로 빠졌다가 다시 동북으로 역류하여 금강과 합류하여 계룡산의 후면으로 흘러 공주–부여를 지나 서해로 들어가는 것을 말한다. 그래서 계룡산은 산수(山水)가 흩어지면 나쁘고 모여야 운이 좋다는 풍수지리의 이상이 되었다.

대태극이란 계룡산을 감싸고 흐르는 물이 금강의 발원지로부터 서해로

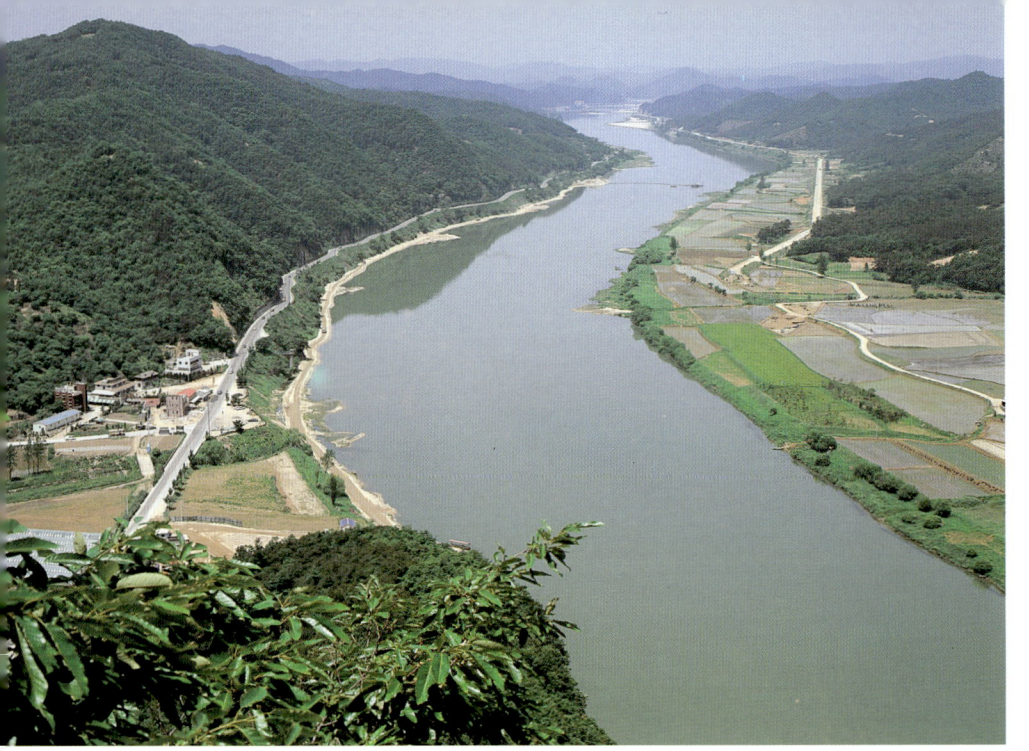

금강의 물길　계룡산을 크게 감싸고 대태극을 이루며 서해로 흘러 든다.(사진 손재식)

큰 태극형을 이루며 흘러가는 형국을 말한다. 전북 장수, 무주에서 발원한 금강은 대전의 갑천, 음성의 미호천과 합류한 다음 계룡산을 감싸고 공주, 부여를 지나 서해로 들어간다. 이러한 물길이 큰 태극을 이룬다는 것이다.

또한 계룡산은 좌측으로 돌아 들어옴에 물이 이어지고(山則佐旋積水), 물은 곧 우측으로 들어옴에 이 또한 산을 감싸고 있다(水則右旋積山)는 것이다. 다른 말로 산도 을(乙) 자형으로 돌고 물도 을 자형으로 돌아 산태극 수태극이 된다는 것이다.

계룡산의 산태극 수태극 경로
〈산태극의 경로〉
지리산—덕유산—마이산—대둔산—천호산—천마산—양정고개—계룡산

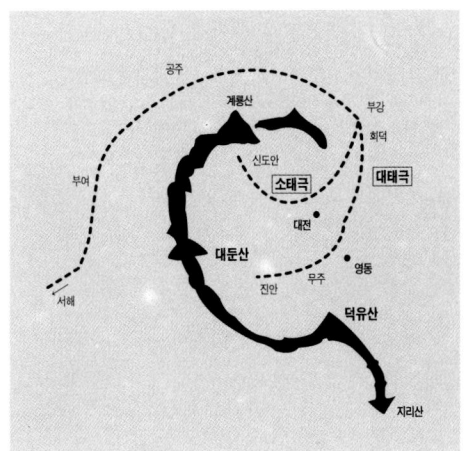

계룡산의 산태극 수태극도 계룡산은 신도안을 중심축으로 산과 물이 바람개비가 돌아가는 것처럼 태극의 모양을 이루어 예로부터 풍수지리적으로 뛰어난 대길지로 여겨졌다.

상봉−황적봉−관암산−조개봉−약사봉−위왕산−구봉산

〈수태극의 경로〉

대태극: 장수 진안−무주−영동−대청호−금강−신탄진−부강−공주−
  부여−서해

소태극: 계룡산 수용추·암용추−신도안−두계천−무도리−갑천−대전
  −부강−공주−부여−서해

　　회룡고조란 산태극과 성격상 같은 형세를 의미한 것으로 용세(龍勢)가 제몸을 휘감아 제꼬리를 돌아보는 형국 또는 조상을 돌이켜보는 형국을 말한다. 계룡산의 산세가 지리산에서 수백 리를 역룡하여 올라와 다시 남쪽으로 머리를 돌려 모산인 지리산을 바라보고 선 형국을 말하는 것이다.

　　다시 말해 계룡산은 소위 수전현무(水纏玄武, 물이 북을 돈다는 뜻)의 길세를 이루고 회룡고조의 공자형(公字形)의 땅인 동시에, 신도내의 물이 동남으로 흘러가서 드디어 금강과 합류하여 북류한다는 산태극 수태극을 이루는 대길지라는 것이다.

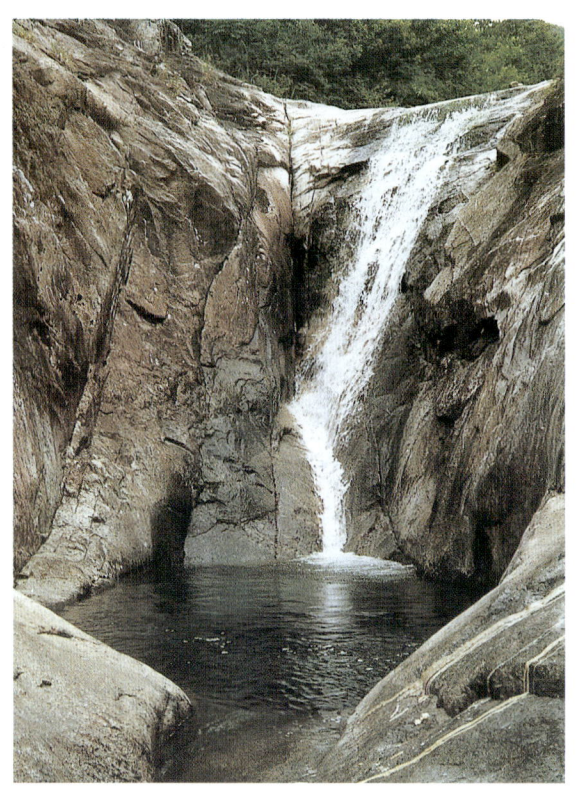

금계포란형, 쌍룡농주형, 일룡농주형, 유룡농주형

금계포란형은 신도안이 마치 금닭이 알을 품는 형국을 이루었다고 해서 붙여진 것이다. 이 금계와 포옹하는 신도안의 좌우에 작은 구릉이 있는데 그 동쪽에 있는 것이 금계포란형의 난구(卵丘)이고 서쪽에 있는 것이 일룡농주의 주구(珠丘)라 한다.

농주의 의미는 계룡산의 형세가 마치 용이 여의주를 어르는 형국이라는 뜻이다. '금계'와 '일룡'이 모두 살아 있는 것이며 또 이곳에 머물러 있기 때문에 풍수지리적으로 대길지라는 것이다.

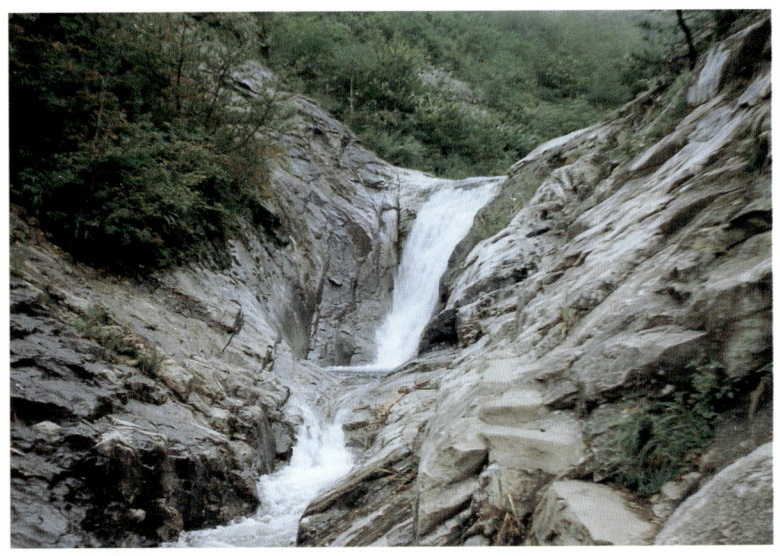

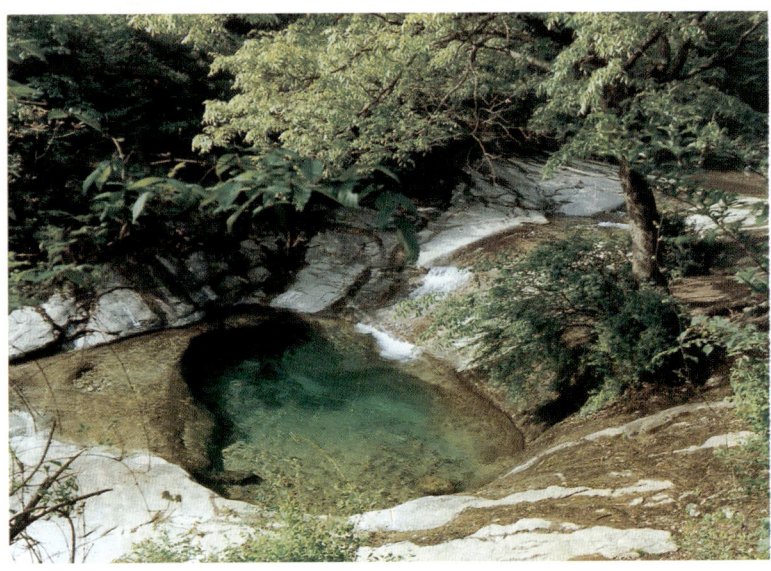

계룡산 수용추(옆면, 맨 위)와 암용추(위) 암용과 수용이 지하굴에서 하늘의 부름도 잊고 밀회를 즐기다가 노여움을 사 벌거를 하게 되었고 그 뒤 차례로 승천하였는데 이 자리를 암용추, 수용추라 한다. 지하로 굴이 뚫려 있어 한쪽에서 불을 지피면 연기가 통한다고 한다.

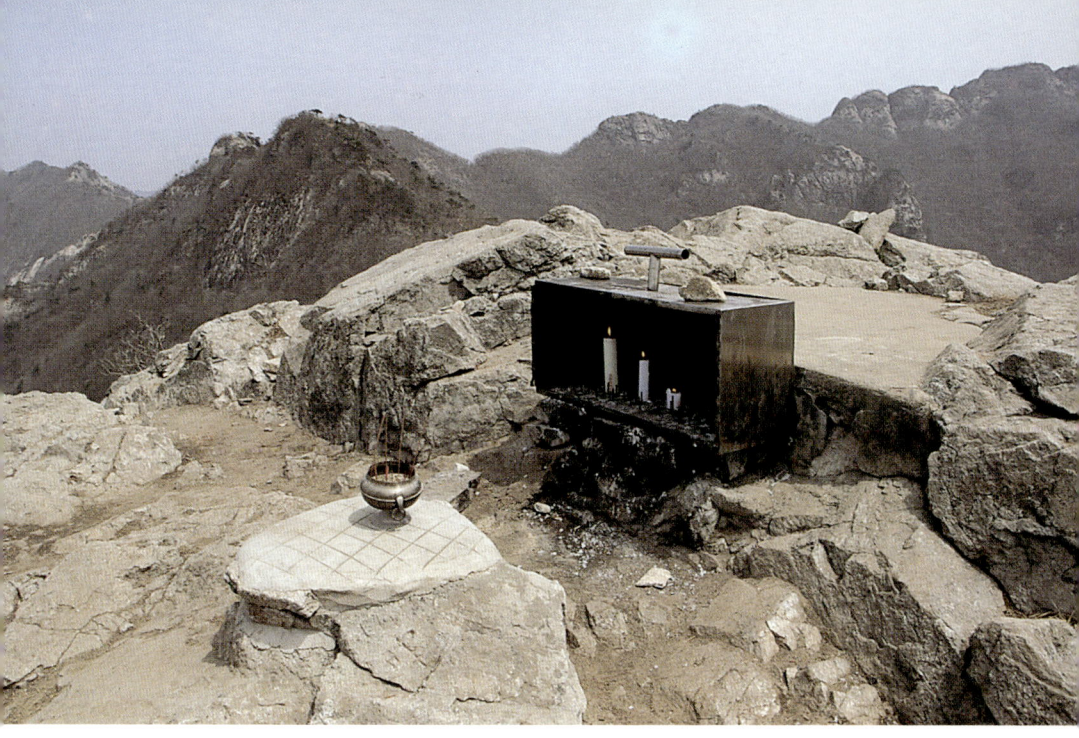

연천봉 위의 제단　연천봉은 계룡산의 아버지 격이다. 명성황후가 여관(女官)을 보내 연천봉 위의 영천(靈泉)에서 몸을 씻고 아들 낳기를 기도하여 태자의 탄생을 보았다고 전한다.

비룡승천형, 비룡봉익형

　풍수적 해석에 의하면 한국의 지세는 백두산을 조종(祖宗)으로 하여 남쪽으로 뻗어 내렸는데, 그 가운데 한 가닥이 내려와 지리산이 되었다. 여기서 북상하여 덕유산의 원맥에서 멈추었다가 다시 힘차게 역룡하여 전라도 운장산을 세웠고, 굴곡을 지으며 충청도로 이어져 또다시 남쪽으로 역C자형을 이루어 이곳에서 비룡봉익의 형세로 멈춘 것이 바로 계룡산이라고 한다. 그 우뚝 솟은 형상이 마치 용이 나는 모습이요, 한편으로는 봉황이 날개를 펼치고 비상하는 형국과 같다는 말이다.

　또한 비룡승천형, 비룡봉익형이란 말은 계룡산이 조상의 산(근본)인 덕유산을 돌이켜보며 승천하는 용의 모습과 같다는 데서 비롯된 것이다.

계룡산의 여의주 신도안

해발 180여 미터의 신도안은 구릉성 산지로 둘러싸여 있으며 남쪽만 트인 동서 약 4킬로미터, 남북 약 3킬로미터의 분지를 이루고 있다. 북쪽엔 주산인 상봉을 비롯해 연봉들이 좌우로 감싸고 있고 한쪽만 트인 아늑한 분지이다.

신도안을 둥그렇게 싸고 있는 산들은 억세거나 중후하고 마치 한 폭의 산수화를 연상시키는데 이러한 산세를 보고 금계포란형이니, 유룡농주형이라 하였던 것이다. 좌우측의 머리봉, 국사봉, 장군봉, 형제봉, 역적봉 등이 감싸고 있는 신도안의 분지는 용의 여의주에 비견된다.

속리산에는 살이 있어 누구나 경치로 감탄할 수 있지만 계룡산은 살이라곤 도무지 없는 뼈바위뿐이라 풍수적으로 기막힌 곳이라 한다. 사실 규모로 보면 신도안의 사방 10리 남짓한 들판이 소쿠리 안에 담긴 듯해서 답답하기는 하나 뼈대를 갖춘 면으로 보면 서울만 못지않다는 것이다.

이중환은 『택리지』에서 "계룡산은 웅장하기가 오대산에 미치지 못하고 수려하기도 삼각산에 미치지 못하나, 골짜기가 깊숙하게 들어앉은 것이며 국안 서북쪽에 용연이 있어 심히 깊고 넓게 흘러서, 국안에 큰 시내를 이룬 것은 개성이나 한양에 없는 것이라" 하였다.

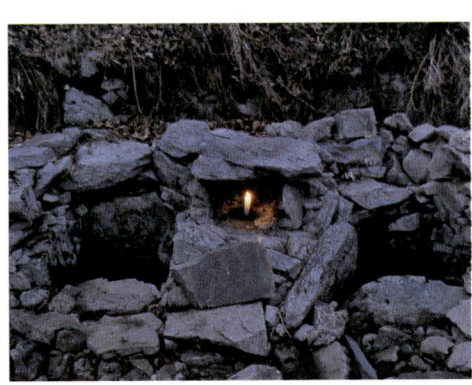

연천봉 아래의 샘물 예로부터 샘은 마을이나 산을 지켜 준다고 믿어져 왔는데 지금도 이 샘물에는 누군가가 촛불을 밝혀 두었다.

한학자 김철희는 "산의 생김새가 엄연하고

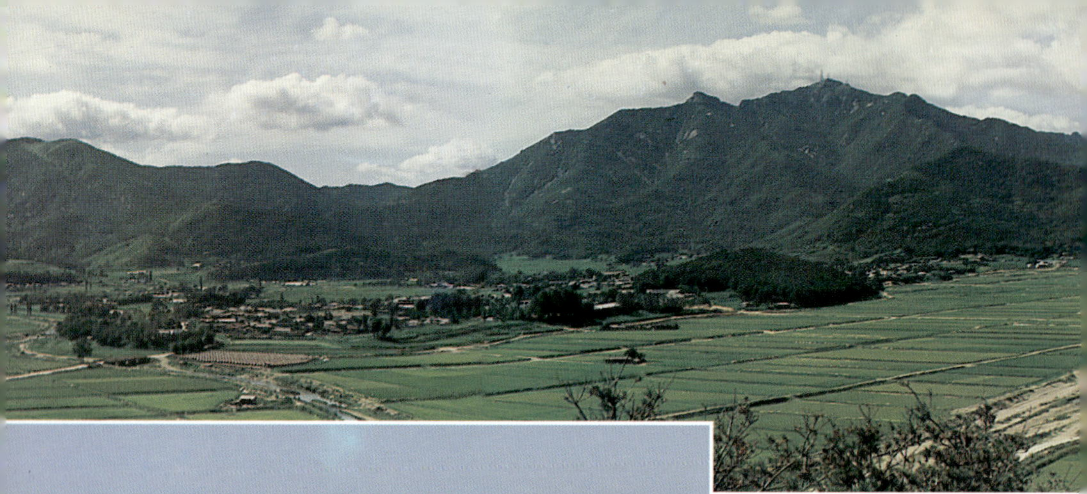

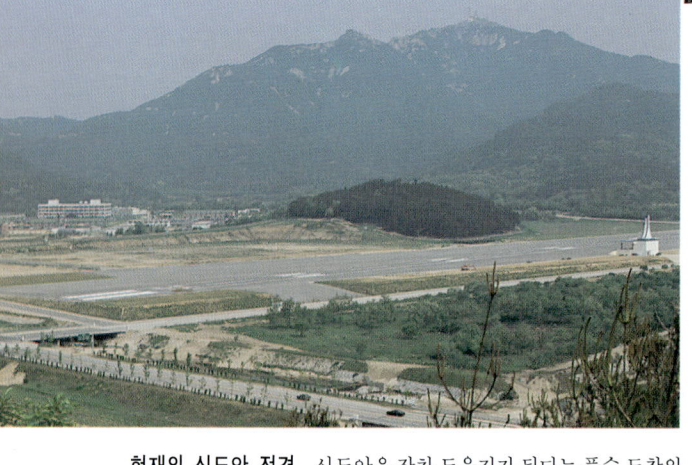

따뜻해서 마치
군자가 예양(禮
讓)하는 모양과
같으며, 아름답
고도 곱고 덕이
많은 가인(佳
人)의 고요하고
한가로운 얼굴
과 같으면서도
높고도 커서 호

현재의 신도안 전경 신도안은 장차 도읍지가 된다는 풍수 도참의
발원지로 널리 알려져 왔으며 한때는 신흥 종교 집산지로 세인의 주
목을 받았다. 그러나 삼군 본부가 이곳으로 이전해 오면서 신도안의
옛모습은 과거 속으로 묻히게 되었다.

걸스럽고 잘난 선비가 우뚝 서서 건드리지 못한 것만 같다"고 계룡산을
찬양하였다. 한편 이러한 신도안이 나한불공형(羅漢佛供形)을 이루어 조
선의 개국 공신인 유림들의 반대로 신도안을 읍도로 정했다가 한양으로
변경하였다고 한다. 즉 고려의 멸망이 산릉 형세 때문이라 믿었던 태조가
당시 유력한 비법인 풍수지리설에 의하여 계룡산을 신도로 정했다가 그
로 인해 포기하였다는 것이다.

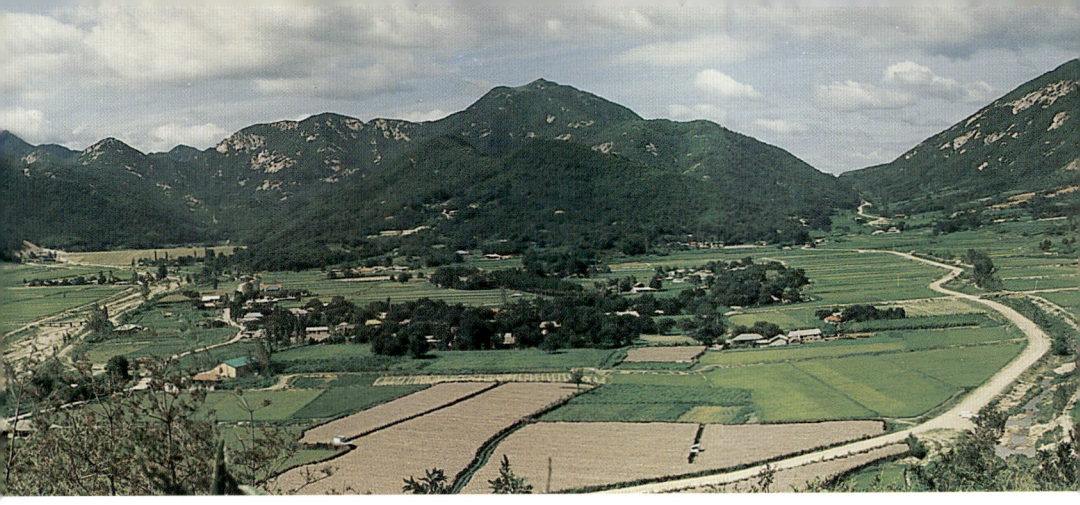

삼군 본부가 자리잡기 이전의 신도안 신도안을 감싸고 있는 산들은 중후한 모습으로 마치 한 폭의 산수화를 연상시키는데 이러한 산세를 금계포란형, 유룡농주형이라 하였다. 또 신도 안 분지는 용의 여의주에 비견되는데 이성계가 친히 올라 산세를 살폈다 한다.(사진 이광삼)

풍수지리적 지명을 딴 신도내 마을들

　계룡산 남쪽에 위치한 신도안은 장차 도읍지가 된다는 풍수도참의 발 원지로 널리 알려져 왔으며 한때는 신흥 종교의 집산지로 세인의 주목을 받기도 하였다.

　신도안은 삼군 본부(계룡대)가 자리잡기 전에는 정장리(丁壯里), 용동 리(龍洞里), 부남리(夫南里), 석계리(石溪里) 등 4개 법정 동리와 29개의 자 연 촌락으로 이루어졌으나 1989년 삼군 본부가 이곳으로 이전해 오면서 신도안의 옛모습은 과거 속으로 묻히게 되었다. 신도안은 신도내, 신도안, 대궐터, 신도(新都), 팥거리, 밋거리 등 여러 이름으로 불리었고 한자로는 크게 네 가지(新都內, 新都案, 神都案, 新都안)로 표기된다.

　신도안(新都案)이란 조선 초기 전도(奠都) 예정지였다는 과거의 사실보 다도 새 세상을 이룩하기 위해 장차 출현할 구원자의 새 도읍 예정지라는 미래적 의미가 강하게 담겨진 가운데 쓰여졌다. 외부 인사를 비롯한 지식 인들이 이 고장이야말로 신흥 종교의 총 본산이라는 의미로 쓰기 시작한 데서 비롯된 이름이다.

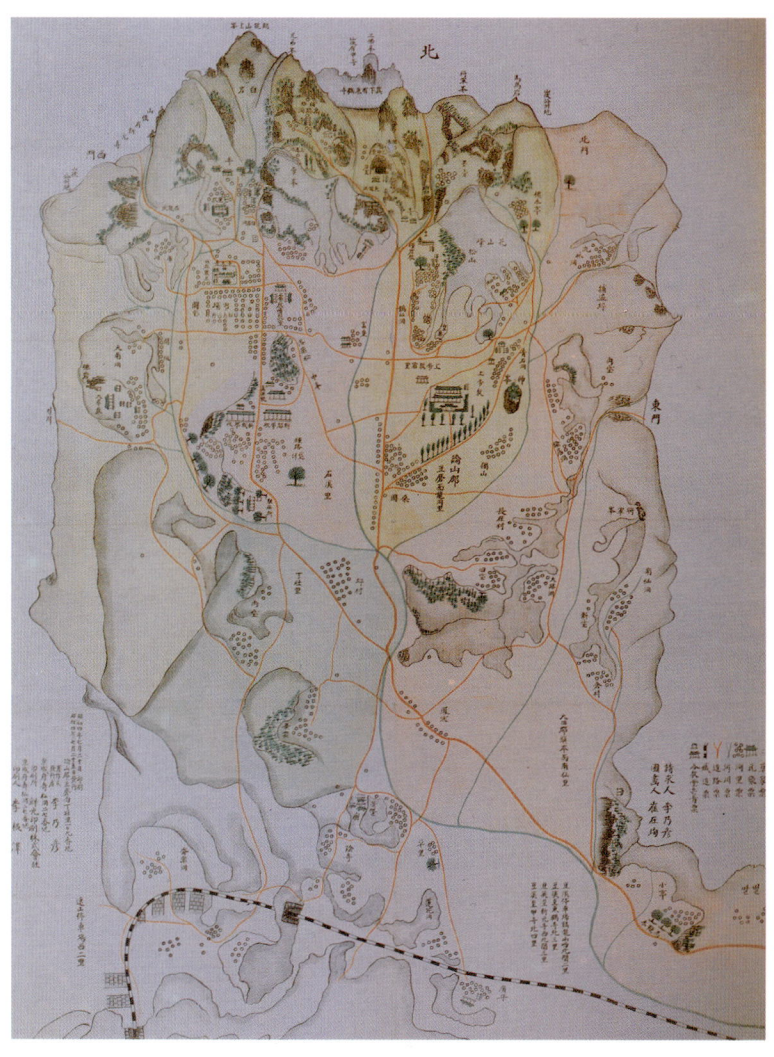

계룡산 신도안 지도 1929년에 이내언이 제작한 이 지도는 계룡산 상봉을 거의 정면으로 바라보는 위치에서 그린 것으로 현재 충남도청 사료실에 소장되어 있다.

신도안(神都案)은 일부 신흥 종교 교주 및 신봉자들에 의해 이곳이 장차 지상 천국 즉 신정 세계(神政世界)의 수도 예정지라는 의미로 쓰여진 명칭이다.『정감록』의 내용처럼 "이곳은 정씨의 도읍지이지 이씨의 도읍지가 아니다"라고 해서 나온 것이다. 이와는 달리 이씨의 도읍지도 정씨의 도읍지도 아직 되지 않았다고 해서 부정적인 의미로 쓰여지기도 한다.

현재 항간에 쓰고 있는 신도(新都)는 새 도읍지의 한자 표기이고, 원래 '안'은 부정의 뜻인데 지명 표기를 부정의 뜻으로 하지 않기 위해 신도내(新都內)로 쓴다는 것이다. 다시 말해 계룡시의 건설로 2000년대 찬란한 계룡의 시대가 열리어 새로운 한국의 중심 도시가 될 것이며 나아가 세계 속의 중심 도시 안쪽이라는 의미로 사용되기를 주민들은 바라고 있다.

지금까지 신도안의 지리에 대하여 가장 잘 기록한 지도는 1929년 7월 25일 이내언(李乃彦)이 제작한 담채 지본의 계룡산 지도로 현재 충남도청 사료실에 소장되어 있다. 이 지도는 신도안에서 계룡산 상봉을 거의 정면으로 바라보는 위치에서 그린 것인데 하천은 회색 실선으로, 도로는 붉은색으로 나타냈다. 동리는 여러 개의 작은 원으로 그려 표시하고 산, 바위, 나무 등을 사실적으로 묘사하였다. 그리고 기와집 형태는 와가(瓦家)로, 각 교당은 청색으로 와가를 그려 넣었다. 마을, 산, 건물 등의 명칭은 모두가 한자로 기록되어 있는데 매우 상세하고 정확하게 표시되었다.

지도에 표시된 지명과 1984년 철거되기 전까지 실재 있었던 신도안 마을의 풍수지리적 유래에 대해 살펴보기로 하자.(일부 자연 촌락의 동명은 이광삼 씨가 펴낸『신도안 30년』사진첩을 참고로 하였다.)

신도안의 수문장 정장리

신도안 입구에 있는 마을로 첫번째 수문 역할을 한다. 정장이란 육귀신(六鬼神), 육정수문(六丁守門)이란 말에서 연유되었다. 이를 풀이하면 문을 지키는 여섯 귀신, 여섯 장정이 신도의 입구를 지킨다는 것이다. 고로 신도안은 잡귀 등 부정이 함부로 넘나들 수 없는 신성 지역임을 암시하고 있다. 정장리는 경운리라 부르기도 한다. 아주 옛날 한 스님이 지나다가 발걸음을 멈춘 다음 여기 농부들에게 말하기를 "구름이 아름답게 걸친 산허리가 있으니 이곳 마을을 경운리라 부르는 것이 좋겠다" 하여 지어진 것이라 한다. 또 '구름이 낮게 깔려서 흐르면 인재가 탄생할 것'이라고 말하고 지나갔는데 그 뒤 과연 인재가 났다고 하는 운중반월형(雲中半月形)의 명당이 마을에 있다고 전해 온다.

계룡산의 여의주 중봉

석계리는 냇물과 돌이 많다 하여 붙여진 이름이며 자연 촌락으로는 고논, 골짝산이, 장구산, 종로터, 중봉 등이 있다. 종로터는 석계 동쪽에 있는 마을로 신도안이 도읍지가 되면 이곳에 종을 달게 한다 하여 종로터라 부른다.

중봉은 신도안의 중심 한복판에 위치한 산으로 여러 신들이 여기서 혼잡을 이루며 제 갈 곳을 가는 봉우리라 하여 중봉이라 부른다. 또 신도안에서는 중요한 산이어서 중봉이라고 부른다고도 한다. 이성계가 계룡산에 신도읍지를 결정한 곳도 바로 중봉이다. 그는 개성에서 수백 리를 달려와 친히 중봉에 올라 신도안의 너른 뜰을 살펴보고 신도읍지로 정하고 즉석에서 신도 공사를 명하였다. 흔히 풍수가들이 말하는 계룡산의 여의주란 바로 이 중봉을 두고 한 말이다. 지금도 신도안 계룡대의 한복판에 송림이 울창한 채 작은 봉우리를 이루고 있다.

신도 대궐터의 주봉 제자봉

신도안 뒤의 상봉과 형제봉 앞에 위치한 봉우리로 제(帝) 자 모양을 하고 있어 제자봉(帝子峰)이라 하는데 여기가 대궐터의 주봉이 된다. 참위설에 의하면 상봉 밑의 제자봉을 제도(帝都)라고 불러 왔다고 한다.

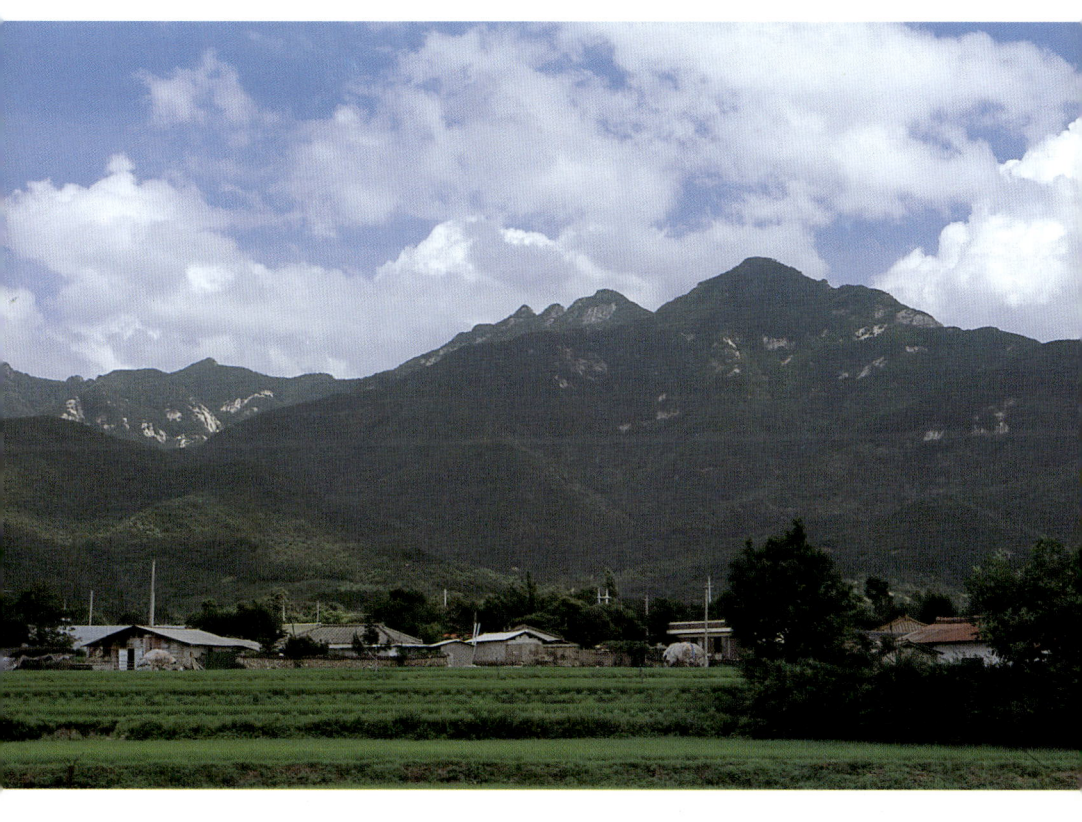

신도안 반대쪽에서 바라본 계룡산 신도안은 풍수지리적으로 새 세상을 이룩하기 위해 장차 출현할 구원자의 새 도읍 예정지로 여겨졌는데 각 마을마다 관련된 유래를 간직하고 있다.

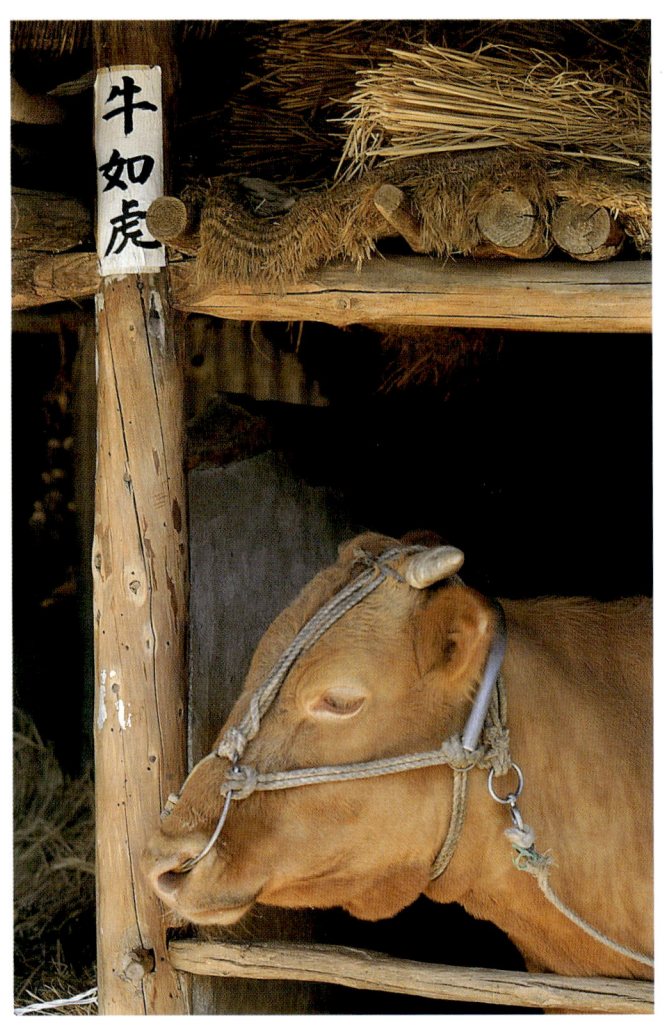

농가의 외양간 농가에서 흔히 볼 수 있는 외양간이지만 기둥에 '우여호'라고 하여 '소는 호랑이와 같다'는 글귀를 붙여 놓은 것이 재미있다.

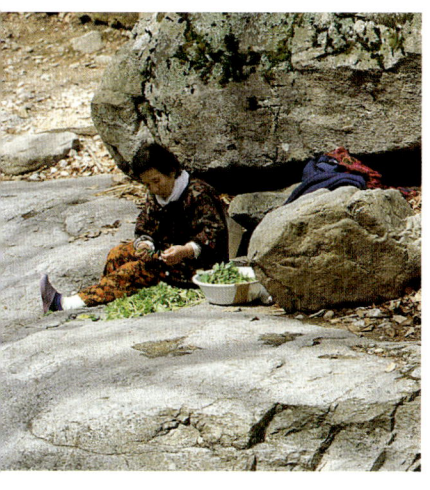

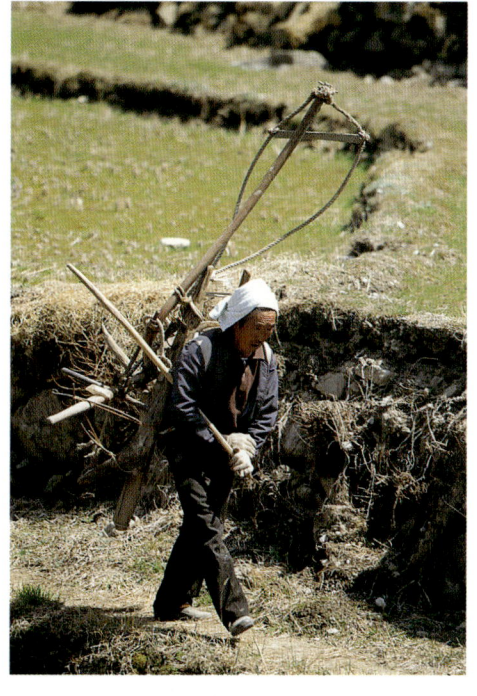

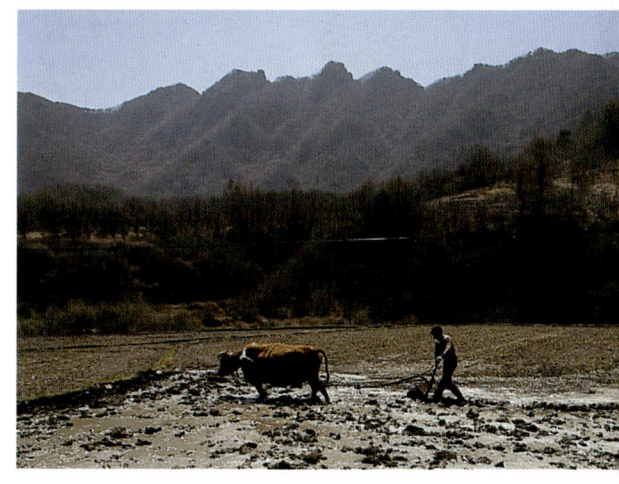

계룡산 계곡에서 산나물을 다듬고 있는 노인(위 왼쪽)

밭 갈러 가는 촌부 한 농부가 쟁기를 지고 일터로 가고 있다. 깊은 골짜기인 이곳에서 농사를 짓는 일은 힘든 노동을 필요로 한다.(위 오른쪽)

봄갈이를 하는 농심 호랑이와 같다는 소가 농부와 하나가 되어 이른봄 논을 갈고 있다.(오른쪽)

나말 당나라 장수 설인귀가 와서 이를 보고 말하기를 "중국에 황제가 있는데 어찌하여 소국인 조선에서 또 제도란 말을 쓸 수 있겠는가. 이를 마땅히 삭제하라"고 하여 부득이 제 자에서 한 획을 떼어 버리고 신(辛) 자로 고쳐서 신도(辛都)라 하였다.

신도 역부들의 한과 땀이 서린 신털이봉

청석동 바로 밑에 있는 작은 봉우리가 신털이봉이다. 지도상에는 신봉(神峰)으로 표기되었다. 이성계가 천도 준비로 대궐을 짓기 위해 전국에서 불러들인 부역꾼들이 일을 하고 쉬면서 신에 묻은 흙을 털어 모은 것이 봉우리를 이루었다 하여 신털이봉이라 한다.

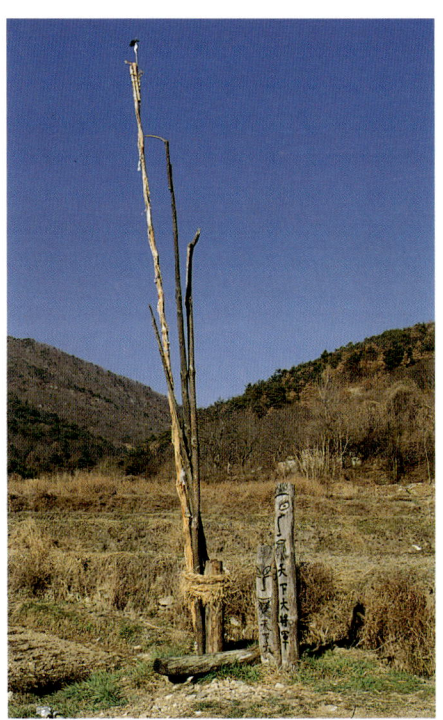

장승과 짐대 공주시 반포면 상신리에 있는 이 장승과 짐대는 마을의 액과 부정을 막아 준다고 한다.

세 번 끊겨야 왕이 난다는 양정고개

두마면 엄사리에 있는 양정고개는 신도안에서 논산으로 넘어가는 곳에 위치하였다. 천마산과 계룡산을 이어 주는 역할을 하는 작은 등성이로 천마산의 끝자락이 되는데 고개를 넘으면 바로 두마면 광석리가 나온다. 백제 말엽 나당 연합군이 침략하였을 때 백제군과 신라군이 크게 싸웠던 곳으로 전해진다.

양정고개는 계룡산의 도참과 풍수를 이야기할 때 자주 거론되는 곳이다. 마이산에서 3백 리를 끌고 온 말이 여기서 잠시 쉬었다가 다시 달려가 계룡산을 만들었다고 하는데 마이산의 마(馬) 자가 당나귀라 하여 마이산을 정(鄭)씨의 터라 한다. 또 마이산에서 끌고 왔다 하여 계룡산을 정씨의 산이라고도 한다.

도참설에 따르면 정씨의 도읍이 된 뒤 방씨와 우씨의 두 성씨가 정승이 된다 하여 양정이라 하였고, 성과 관계없이 그 고개 주변의 마을에서 정승이 나온다고 하여 양정고개라 하였다고도 한다. 또 앞으로 신도안에 도읍이 서면 정씨 두 사람이 나타나서 왕관을 놓고 싸워야 할 고개라고 전한다.

양정고개가 철길로 인해 끊겨 신도안이 좋지 않다는 이야기가 있다. 그러나 두마면 광석리에 거주하는 김용환 씨에 의하면 "옛날 중국 지사가 이곳에 와 양정고개가 세 번 끊겨야만 왕도가 된다"고 하였다는 것이다. 즉 삼(三) 자를 위에서 아래로 끊으면 임금 왕(王) 자가 되는데 그래서 양정고개가 첫번째로 끊긴 것은 호남선의 철길이 이곳을 지나가도록 설계가 되었을 때이며, 두 번째는 양정고개가 너무 직선적이고 지반이 약한 수렁 지역이라 현재의 향안 뒤쪽으로 철길이 나면서 끊기었다. 세 번째는 신도안에 삼군 본부인 계룡대가 들어서면서 엄사리 쪽의 개발로 인하여 끊기는 형세가 된다는 것이다. 이렇게 세 번 끊김으로써 이곳에 새로 건설되는 거대한 계룡시가 바로 읍도라고 말해지고 있다.

불교 상징 마을 부남리

고려 말, 노적봉 중단부에 서광이 비친 것을 발견한 마을 사람들은 그곳을 찾아가 보았다. 그런데 부처님 형상을 한 바위가 서광을 내고 있었다. 이를 신성시하고 돌부처가 계신 곳이라 하여 '불암리'라 부르게 되었다. 이것이 뒤에 변하여 '부남'이라 하였다는데 부남리(夫南里)에는 대궐터

등이 있으며 신도안에서도 불교를 상징하는 마을로 통한다.

지금도 대궐터에는 신도안 신도 공사 때 썼던 주춧돌이 아직도 남아 있다. 신도안의 장터를 중심으로 하여 서북쪽 일대를 대궐터라 부른다. 여기에서 동쪽으로 제자봉이 있고 그 밑의 지역 일대를 동대궐, 신도초등학교가 있던 서북쪽 일대를 종로터라 부른다. 대궐터는 동대궐터와 서대궐터가 있는데 상봉에서 내려온 줄기가 대제(大帝, 東)가 되고, 장군봉에서 뻗어 내려온 줄기가 소제(小帝, 西)가 되어 ㄱ 밑에 각각 동대궐터와 서대궐터를 잡았다고 한다.

도교 상징 마을 남선리

본래 진잠군 서면 지역은 신도안 남쪽에 있어 남산이라 하였다. 유·불·선 삼교가 합한 곳이 신도내이며 그 남쪽에 위치하여 남선리(南仙里)로 되었다. 남선리는 신도안에서도 도교를 상징하는 마을로 전해진다.

계룡산의 수구막이 무도리

우리나라 대부분의 마을 입구에는 수구(水口)막이가 있어 외부로부터 들어오는 부정과 잡귀 등의 침입을 막아 마을의 안녕과 질서를 수호해 준다. 수구막이에는 장승을 세우거나 돌탑을 쌓아 해마다 마을에서 공동으로 제사를 올려 마을의 태평과 안녕, 풍년을 기원하기도 한다.

신도안의 수문(守門)이 정장리라면 수구는 무도리가 된다. 신도안에서 흘러 나온 물이 두계천을 따라 위왕산 기린봉 자락을 약 1킬로미터 정도 감싸 안고 무도리에서 돌아 기성면 원정리에서 갑천과 합쳐지고 흙석리를 지나 유등천과 다시 합류하여 금강으로 흘러 들어간다.

무도리는 물이 돌아간다 하여 붙여진 이름으로 이곳이 바로 신도안의 수구막이가 된다. 계룡산은 이 수구막이 때문에 재물이 밖으로 새나가지 않는다는 것이다. 한때 하천 부지를 전답으로 바꾸기 위해 위왕산 자락의

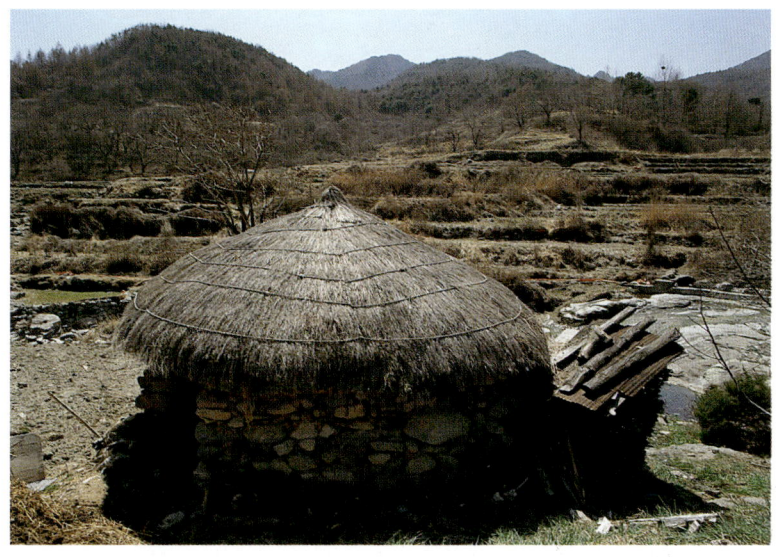

농가의 측간 계룡산 골짜기 어느 농가의 측간으로 초가 지붕에 돌벽을 둘러친 요즈음 찾아
보기 힘든 모습을 간직하고 있다.

무도리 수구막이를 끊는 작업이 시도되었으나 실행되지는 않았는데 그
내막은 이렇다.

  1960년에 신도안의 수구막이가 되는 위왕산 자락의 무도리 능선을
끊어 1킬로미터 정도 돌아가는 수로를 바로 돌리면 기존의 하천이 전답
으로 바뀌지므로 이 작업을 광석리에 거주하는 최대병(73세) 씨와 마을
주민 몇이서 추진하려고 계획하였다. 능선을 끊어 새로 물길을 직선으
로 돌리는데 수로로 들어가는 땅이 30마지기 정도 드는 데 비해, 물길이
바뀐 하천을 고치면 500마지기를 얻을 수 있다는 것이다. 그래서 물길
을 곧게 돌리는 것은 "도투마리로 죽가래 만들기와 같다"고 할 만큼 작
업이 쉬워 많은 사람들이 눈독을 들였다.
  최대병 씨가 주동이 되어 정부의 허가를 받아 여기에 드는 비용은 대

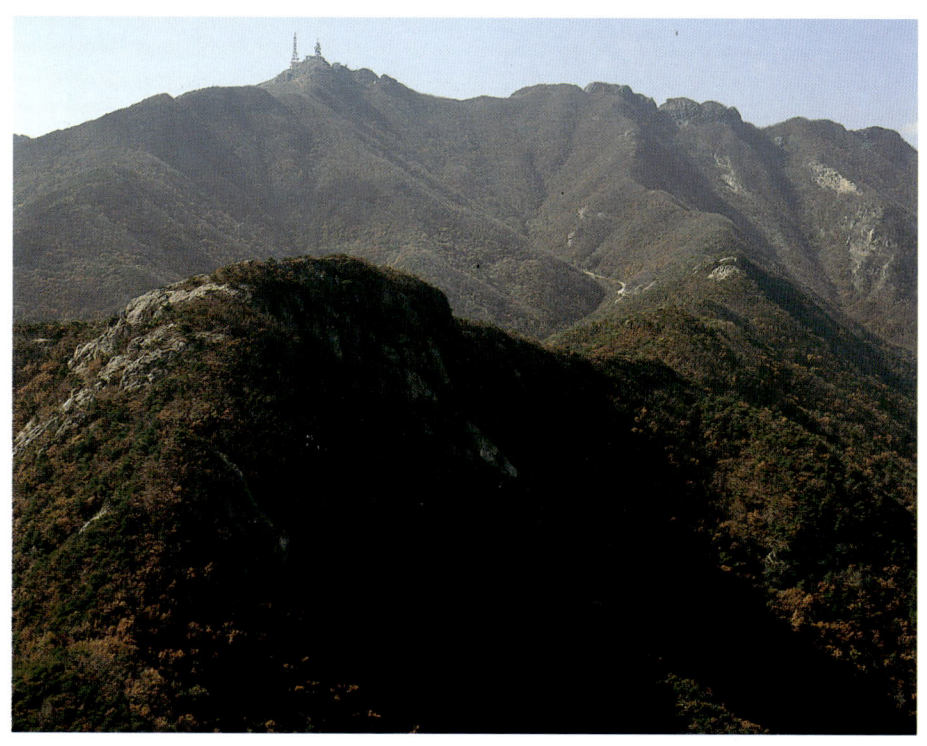

상봉과 송신소 계룡산의 상봉은 예로부터 창천에 포효하는 용의 상이라 한다. 지금은 정상에 군사용 송신소가 있기 때문에 일반인들의 접근이 금지되어 있어 이곳을 찾는 등산객들에게 아쉬움을 남긴다.(사진 손재식)

전의 동아학원을 운영하였던 김정기 씨가 대기로 하고 건설회사와 계약까지 맺고 기공식날만을 기다렸다. 기공식날 아침 작업을 시작하기 앞서 제물을 차려 놓고 막 제를 올리려는데 갑자기 회오리바람이 불어 차려 놓은 제물을 모두 날려 버렸다. 이에 놀란 주민들은 다시 이곳을 뚫자고 하는 사람이 없어 더 이상 작업이 추진되지 않았다.

그런데 기공식 수일 전에 최대병 씨는 한 동네에 사는 김용원(75세) 씨로부터 그곳은 계룡산의 수구막이이므로 건드리면 좋지 않으니 그 일에서 빠져 나오라는 말을 들었다. 최씨는 "이 사람이 남 돈버는 것 샘이 나서 그러는가 보다" 하고 그의 말을 대수롭지 않게 여기고 그대로 공사를 추진키로 하고, 단지 꺼림칙하여 기공식에는 참석을 하지 않았다. 그래서 지금도 최대병 씨는 그때 만일 계룡산의 수구막이가 되는 물길을 뚫었더라면 아마 신도안이 무너져 천벌을 받았을 것이라고 회고하며 자기에게 작업 중지를 말해 준 김용원 씨에게 고마워하고 있다.

신도안의 수구막이는 이중환의 『택리지』와 서유구가 『임원십육지』에서 논한 수구론(水口論)에 상당히 접근하고 있다. 수로는 산맥의 조향과 음양 이치에 합치되어야 하겠으며, 꾸불꾸불하게 길고 멀게 흘러 들어와야지 일직선으로 활을 쏘듯이 흘러 들어오는 것은 좋지 못하다. 꾸불꾸불한 흐름은 바로 물이 유유히 길게 흐른다는 지형적 조건으로 홍수를 막기 위함인 것 같으며 수로와 산맥이 조화를 이룰 수 있는 곳이 좋다는 것을 말한다. 계룡산 신도안의 수구막이는 이러한 조건을 고루 갖춘 곳이라 할 수 있다.

신도 경영과 국도 시기

신도 공사는 왜 갑자기 중지되었는가

도참이란 불확실한 미래의 길흉화복을 알고자 하는 염원에서 나온 것으로, 이의 신봉이나 조작 내지 유행은 동아시아 일부에서 보이지만 특히 중국, 한국에서 일층 많이 발견되는 사상이다. 도참은 흔히 풍수지리와 결합하여 인심을 자극하거나 지배하고 실제 생활에 많은 영향을 끼쳤다. 한왕조가 일어나고 망하는 소위 역성 혁명의 큰 변동기나 내환 외우로 시국이 불안할 때 자기편에 유리하도록 이용하여 목적을 달성하기도 한다.

조선 태조는 왕위에 오른지 1개월도 안 되어 천도설을 유포하여 후보지를 물색토록 하였다. 나라를 세우면 먼저 국호를 제정하고 제도를 정비하는 것이 일차적인 급선무라 할진대 태조는 건도 문제를 1차적인 것으로 여긴 것 같다. 즉 국호를 '조선'이라 고친 것은 태조 즉위 2년 2월로 그 이전은 국호를 당분간 고려라 칭한 데서도 이러한 사실을 엿볼 수 있다.

그러면 어떤 연유로 태조는 급하게 이도(移都)를 생각한 것일까. 조선 초 천도 문제에 대하여 지금까지 알려진 바로는 계룡산이 최초의 후보지로 여겨져 왔는데, 실은 한양이 먼저 거론되었다. 태조는 1392년 8월 13일

도평의사사에게 한양으로 도읍 이전을 명하였으며 이틀 뒤에는 삼사 우
야복 이염을 한양에 보내 궁실을 수리하도록 하였다. 그리고 태조는 정당
문학 권중화를 경기, 충청, 경상, 전라도 방면에 보내어 왕실 안태(王室安
胎)의 길지를 조사토록 하였다.

태실증고사(胎室證考使) 권중화는 전라도 진동현에서 태를 묻을 길지
를 찾고 돌아오는 길에 계룡산에 들렀다가 산수가 뛰어남을 보고「계룡산
도읍지도(都邑地圖)」를 그려 태조에게 바쳤다.

그렇지 않아도 천도를 마음에 두고 있었던 태조는 이 지도를 받고 "1393
년 2월 18일에 계룡산으로 거둥할 것이니 대성(臺星)에서 각기 한 사람씩

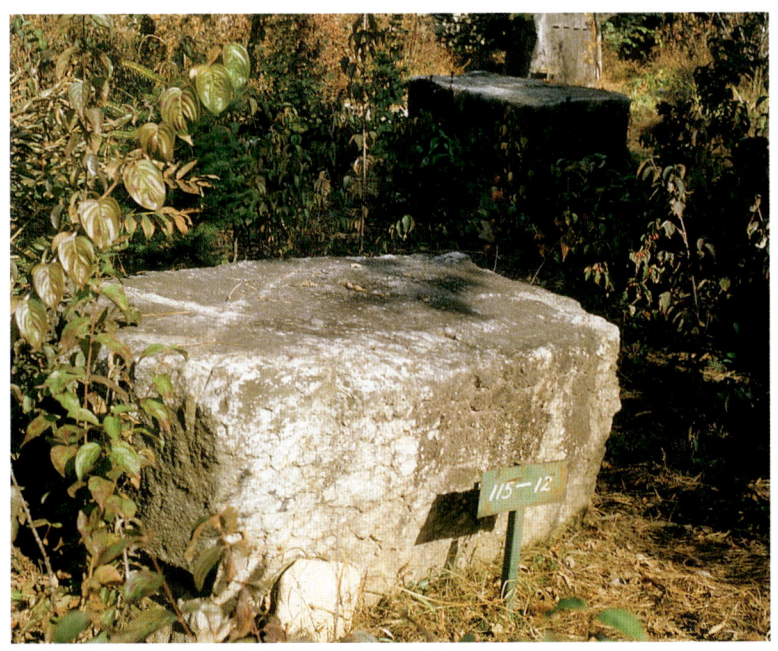

신도안 궁궐터 주춧돌 이성계는 국도를 계룡산으로 옮기기 위해 1393년 10개월 동안 왕도
공사를 했으나 계룡산의 풍수적 결함이 지적되면서 공사는 갑자기 중지되었다. 신도안에는
지금도 당시 공사에 쓰였던 주춧돌이 남아 있다. 충남 논산군 두마면 부남리.(사진 유남해)

과 의흥친군(義興親軍)이 시종토록 하라”는 명을 내렸다. 다음날인 19일에 태조는 영삼사사(領三司事) 안종원, 우시중 김사형, 참찬문하부사 이지란, 판중추원사 남은 등을 대동하고 계룡산으로 출발하였다. 이틀을 걸려 경기도 양주 회암사에 도착한 태조는 무학 왕사를 청하여 함께 동행하였다. 일행은 개성을 출발한 지 10일 만에 계룡산에 도착하였다.

　하루를 쉬고 다음날 친히 함께 동행한 여러 신하들을 거느리고 산수의 형세를 관찰하였다. 태조는 삼사 우야복인 성석린, 상의문하부사 김주, 정당문학 이명에게는 조운(漕運)의 좋고 나쁨과 노정(露呈)의 험난하고 평탄한 것을 살피도록 지시하였다. 그리고 의안백(義安伯) 이화와 남은에게

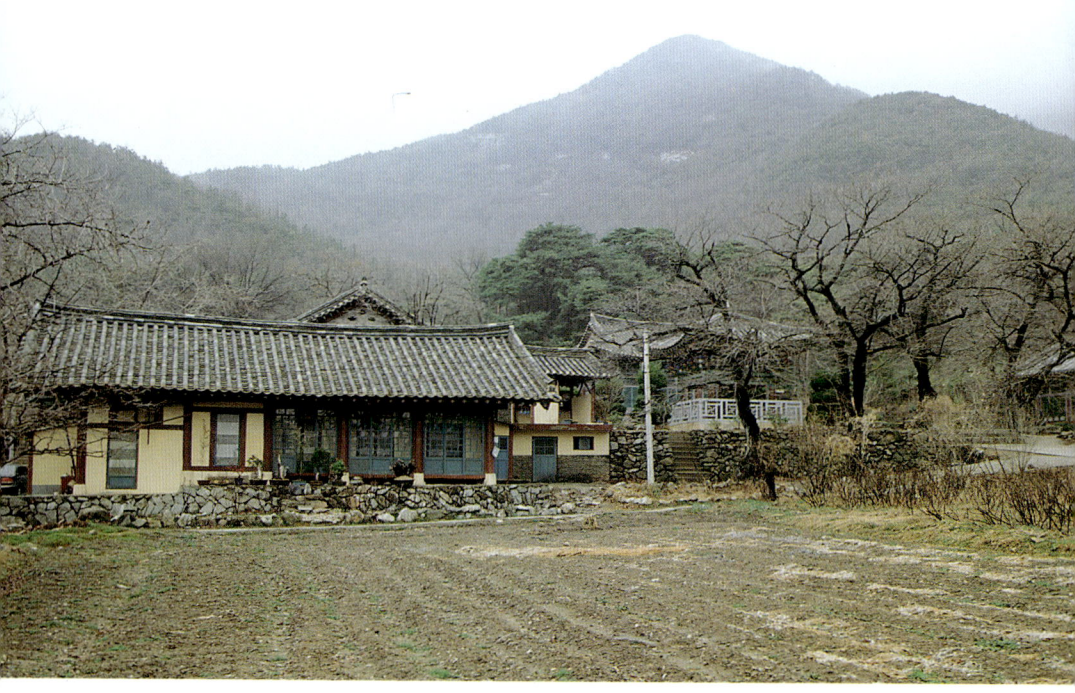

신원사 전경　계룡산 연천봉 남쪽 하단에 위치한 신원사는 이성계가 애지중지했던 사찰인데 그 이유는 산신 기도를 통해 제왕의 자리에 오를 수 있었던 터가 바로 신원사이기 때문이다.

는 성곽을 축조할 지세를 살피게 하고, 김주와 동지중추 박영충, 전 밀직(密直) 최칠석에게는 이곳에 남아 새 도읍 건설을 감독토록 하였다.

이처럼 태조는 5일 동안 계룡산에 머물면서 친히 신도 중앙의 고부(高阜: 신도안 중앙에 자리잡은 중봉을 가리킨 것 같다)에 올라 새 도읍지가될 주위의 형세를 살펴보고 대단히 마음에 들었던지 신도 공사를 지시하고 개경을 출발한 지 37일 만인 3월 27일에 환궁하였다. 계룡산의 신도 공사는 공역(工役)과 공장(工匠)의 민정(民丁)을 징발하여 진척되었다. 그리고 새로운 도읍지의 영역으로 경기도 내에 주현, 향소, 부곡 등 81개를 정하였고 동년 9월 4일에는 경상도와 전라도의 안렴사에게 공문을 보내서역부를 모집하여 신도 공사에 투입토록 하였다. 또 11월 19일에는 승도를모집하여 역사(役事)에 참여케 하였다.

이와 같이 신도의 공사는 거의 1년 동안 차질 없이 계속되었으나 그해12월 11일 돌연 대장군 심효생을 계룡산에 보내어 신도 사업을 정지시켰다. 갑작스런 계룡산의 건도 중지는 경기 좌우도 관찰사 하륜의 진언에 의한 것이었다. 하륜은 "도읍은 마땅히 나라의 중앙에 있어야 될 것인데 계룡산은 지대가 남쪽에 치우쳐서 동면, 서면, 북면과는 서로 멀리 떨어져 있고, 또 일찍이 신이 아버지를 장사하면서 풍수 관련 여러 서적을 대강 열람했사온데 지금 듣건대 계룡산 땅은 산은 건방(乾方, 서북방)에서 오고 물은 손방(巽方, 동남방)으로 흘러간다 합니다. 이것은 송나라 호순신(胡舜臣)이 이른바, 물이 장생을 파하여 쇠패가 곧 닥치는 땅이므로 도읍을 건설하는 데는 적당치 못합니다"라며 계룡산의 풍수적 결함을 지적하였던것이다.

이같은 하륜의 주청에 따라 태조는 급히 명하여 글을 바치게 하고 판문하부사 권중화, 판삼사사 정도전, 판중추원사 남은 등으로 하여금 하륜과더불어 이를 참고케 하는 한편, 고려 왕조의 여러 산릉의 길흉을 다시 조사하여 아뢰게 하였다. 조사해 보았더니 과연 하륜이 제기한 것처럼 길흉이 모두 맞아 계룡산의 신도 사업을 중지토록 하였다. 태조는 신도 경영이 중지되자 다시 고려 왕조의 서운관에 저장된 비록문서(秘錄文書)를 모두 하륜에게 주어서 살펴보도록 하고 다시 천도할 땅을 물색하여 아뢰도록 하였다.

태조는 왜 1년씩이나 진척시킨 신도 공사를 갑자기 그만두게 하였을까? 그 이유는 두 가지로 요약할 수 있다. 첫째, 계룡산의 위치가 남방에 치우쳐 동서북 삼면과 너무 떨어져 있어 도리(道里)의 균형을 얻지 못한 곳이고, 가까운 곳에 조운과 용수가 불편하고 해안으로부터의 거리가 멀어 그에 따른 불편이 많다는 점이다. 둘째, 풍수상으로 계룡산은 결함을 갖고 있어 곧 망할 땅인데 굳이 이런 곳에 도읍을 세울 필요가 없었다는 것이다. 무엇보다도 신도 공사를 중단케 한 것은 사실상 조운과 같은 실질적인 도읍 조건보다는 풍수상의 결함에 더 비중을 두었던 것이다.

즉 계룡산의 신도안은 잠깐 보아서는 느낄 수 없지만 장기간 거주하다 보면 명당을 번쩍 들어 파방으로 쏟아 붓는 듯한 환경 지각적인 양태를 띠는 곳이라는 것이다. 이를 좀더 구체적으로 살펴보면 사신사 가운데 계룡산을 정점으로 치개봉, 민목재 쪽의 청룡 산세와 맨재, 향적산 쪽의 백호 산세, 현무가 합하여 그 계곡의 물을 모두 혈에 해당되는 명당 즉 신도내로 쏟아 부어 명당을 휩쓸어 봉보 협곡 쪽으로 몰리게 하는 듯한 기분을 갖게 할 수도 있다는 것이다.

또한 계룡산은 웅장하기가 오관산에 미치지 못하고 수려함도 삼각산에 미치지 못할 뿐 아니라, 전면에는 조수가 적고 다만 금강 한 줄기가 산을 둘러 돌았을 뿐이라는 것이다. 무릇 회룡고조의 땅은 본래 역량이 적은 곳이기 때문에 중국의 금릉을 보더라도 언제나 한족의 패자 노릇만 하는 고장이 되어, 비록 명나라 태조가 금릉에서 천하를 통일하였으나 세대가 바뀌자 도읍을 옮기는 운을 면치 못하였다는 것이다. 따라서 계룡산 신도내는 한양과 개경에 비교할 때 기세가 크게 떨어진다는 것이다.

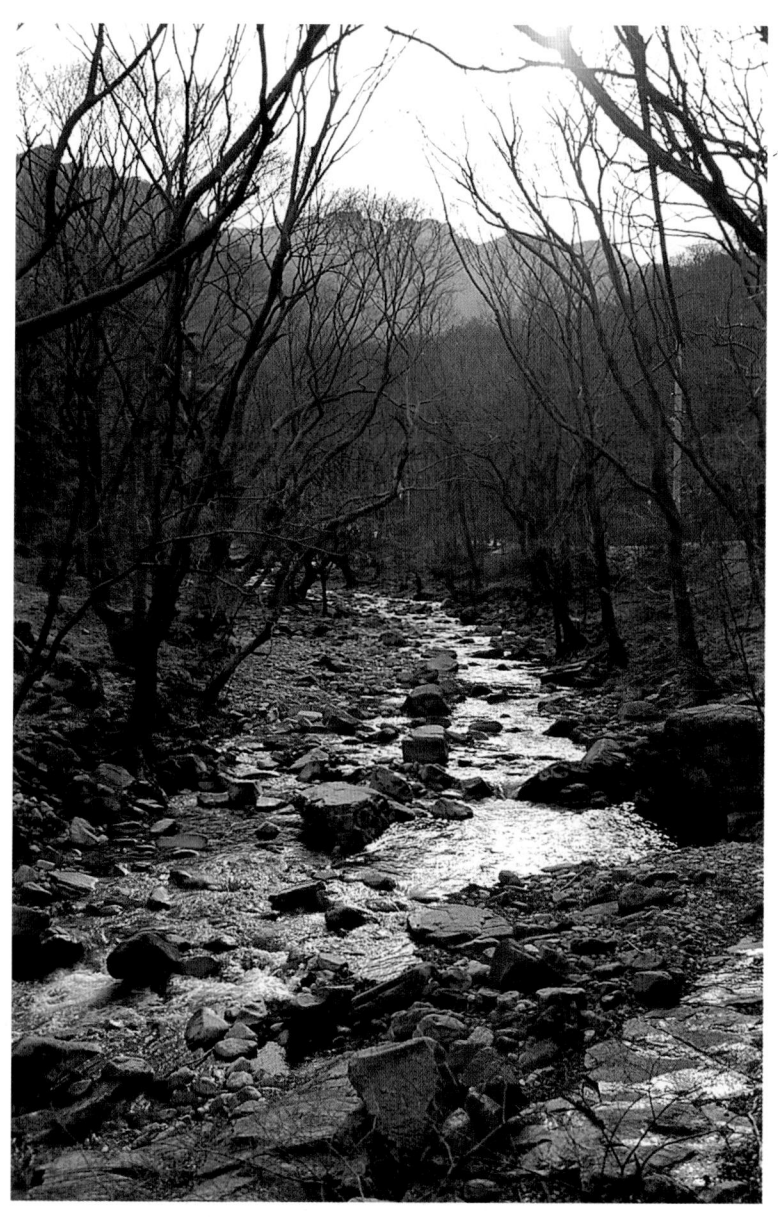

동학사 입구 계곡 계룡산은 화채산(火彩山)으로 겹산이 아닌 홑산이라 물이 적어 내가 건천이 되었다고 한다.

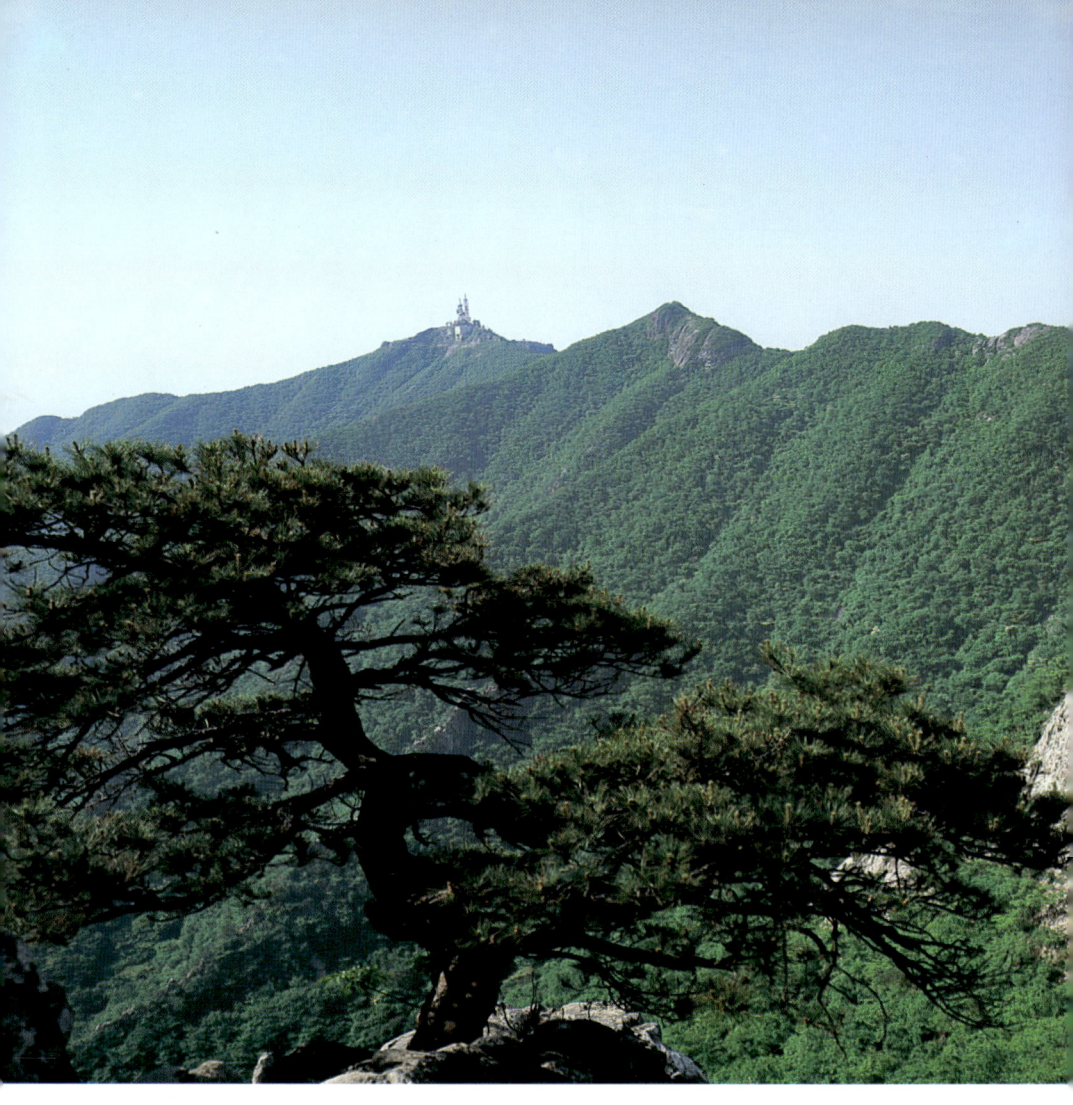

　사실 계룡산 신도내는 면적으로 볼 때 개경과 큰 차가 없어 보이지만 주
변 산세의 영향으로 오히려 넓게 보이는 지각적인 착시를 일으키는 곳이
다. 예컨대 개경은 588미터의 송악산을 주봉으로 좌우에 170 내지 200미
터 급의 산으로 둘러싸인 분지인데 비하여, 신도내는 828미터의 계룡산
상봉을 주봉으로 하여 치개봉(650미터)·향적산(575미터) 등이 주봉과 연

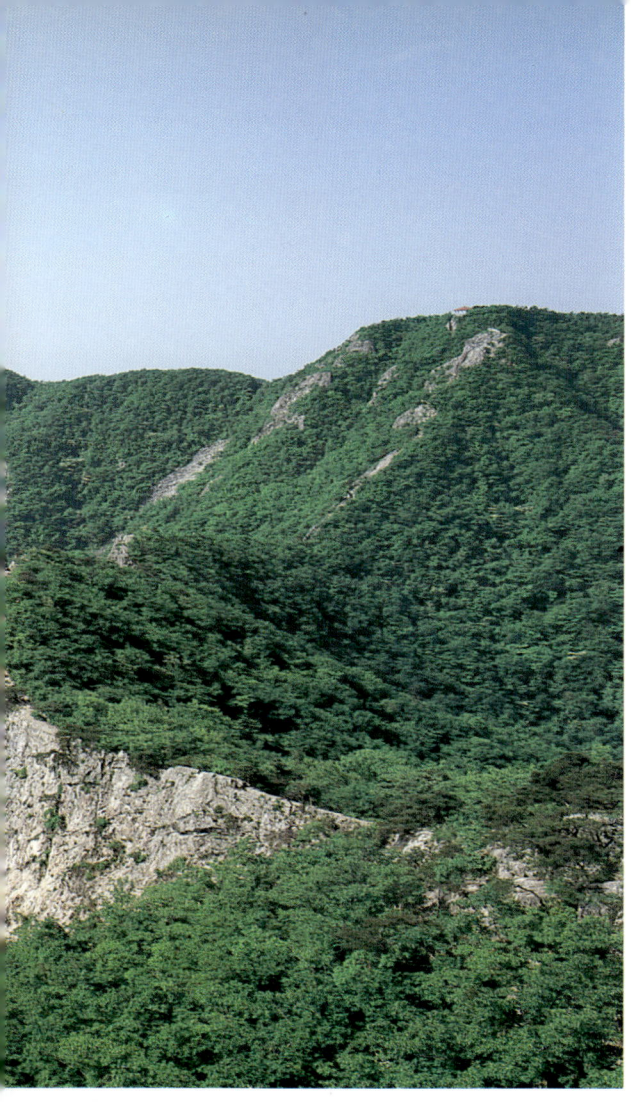

계되어 둘러싼 분지이기 때문에 같은 분지의 면적일 경우 신도내가 훨씬
더 넓게 보일 수밖에 없다는 것이다. 공주시 계룡면 경천리의 불당 마을에
전하는 설화 중에 "이성계가 산신령에게, 개성 땅은 좁아 앞이 내다보이
지 않는 고을입니다. 그래서 세상이 내다보이는 여기를 택했습니다"라고
했다는 이야기가 있다.

이밖에도 계룡산의 신도 경영을 중단하게 된 이유에 대하여 임진·병자 양란 이후 집필된 것으로 보이는 현병주총비(玄丙周總批)의『감결(鑑訣)』내용에 다음과 같은 이야기가 전하고 있다. "정포은 선생을 추살(推殺)하고 고려 왕조를 찬멸한 이조의 창업주 이태조는 도성을 남쪽으로 옮김에 있어 한양을 내정하고도 축성 공사는 먼저 계룡산 산하에 착수하였다. 이는 민심의 동향을 살피는 한편 민중이 납득할 만한 조선의 당위성에 대한 게를 찾고자 함에서였다. 그러나 전조를 회고하고 징포은을 추모하는 역도(役徒)의 태업으로 계룡산 축성 공사는 2년 동안 계속되었으나 부진 상태였다. 어느 날 밤 홀연히 공중으로부터 '계룡산은 정씨 후손의 도읍지요, 이씨의 도읍은 한양'이라는 계룡산신의 말씀이 울려왔다. 이태조는 이로부터 계룡산 역사(役事)를 중지시키고 한양에서 다시 축성 공사를 시작하니 이미 계룡산 강화(降話) 이야기가 전국에 퍼지게 된지라 민심이 귀일되어 역사는 매우 순탄했다"는 것이다. 하지만 이 이야기는 후세에 만들어진 것이다.

정감록에 비친 계룡산 국도 예언

계룡산이 신도 중단 이후 오늘날까지도 길지의 대명사로 세인의 관심과 주목을 받고 있을 뿐만 아니라 신흥 종교의 종합 전시장이 된 것은 무슨 까닭인가? 비록 중단의 운을 맞았지만 한때 신도로 정해져 공사를 한 사실, 이곳 산세의 수려함에 풍수적 해석이 덧붙여지고 더욱이『정감록』에 계룡산이 장차 이씨가 망하고 정씨의 국도가 될 것이라고 예언한 관련 구절에서 이런 현상이 비롯되었다고 보인다.

『정감록』은 참위설류의 민간 비결서 중 하나이다. 일괄 수록되어 있는 비결은 여러 이본을 통틀어 50여 종이나 된다.

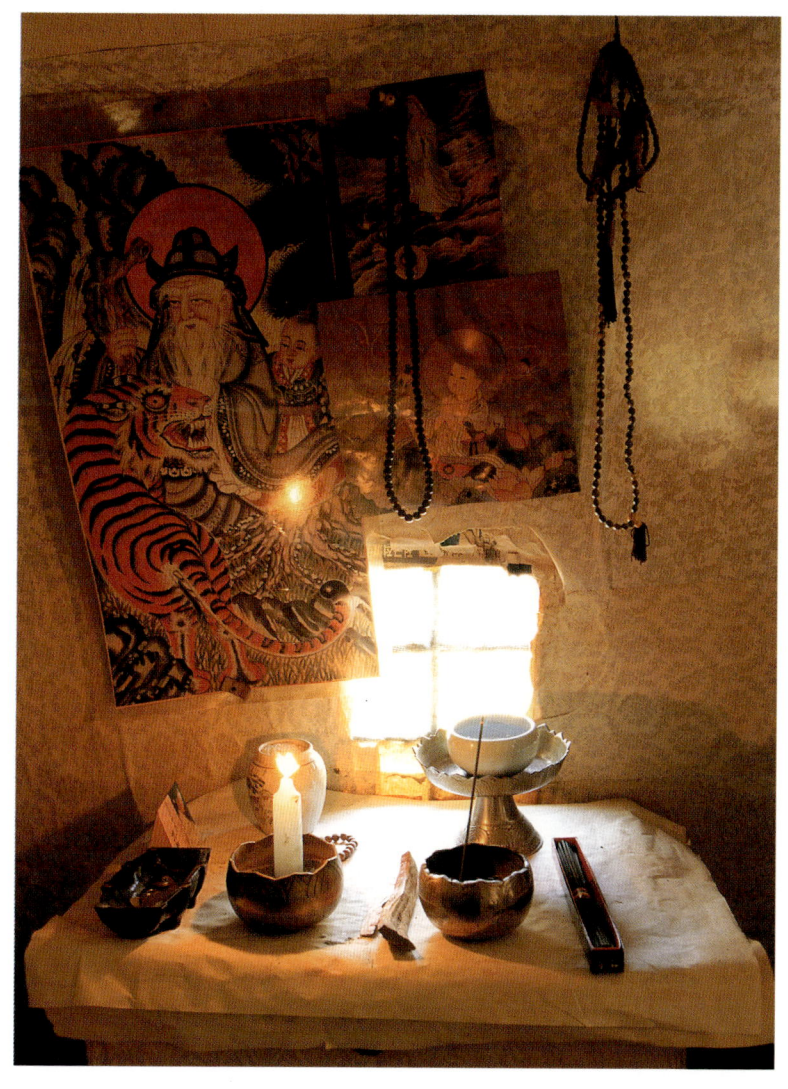

제단과 무신도 계룡산 자락에 위치한 상신리의 한 민가에 조그맣게 제단이 차려져 있다. 요즘은 찾아보기 힘든 모습이지만 이곳에서 수시로 산신께 기원을 했을 것이다.

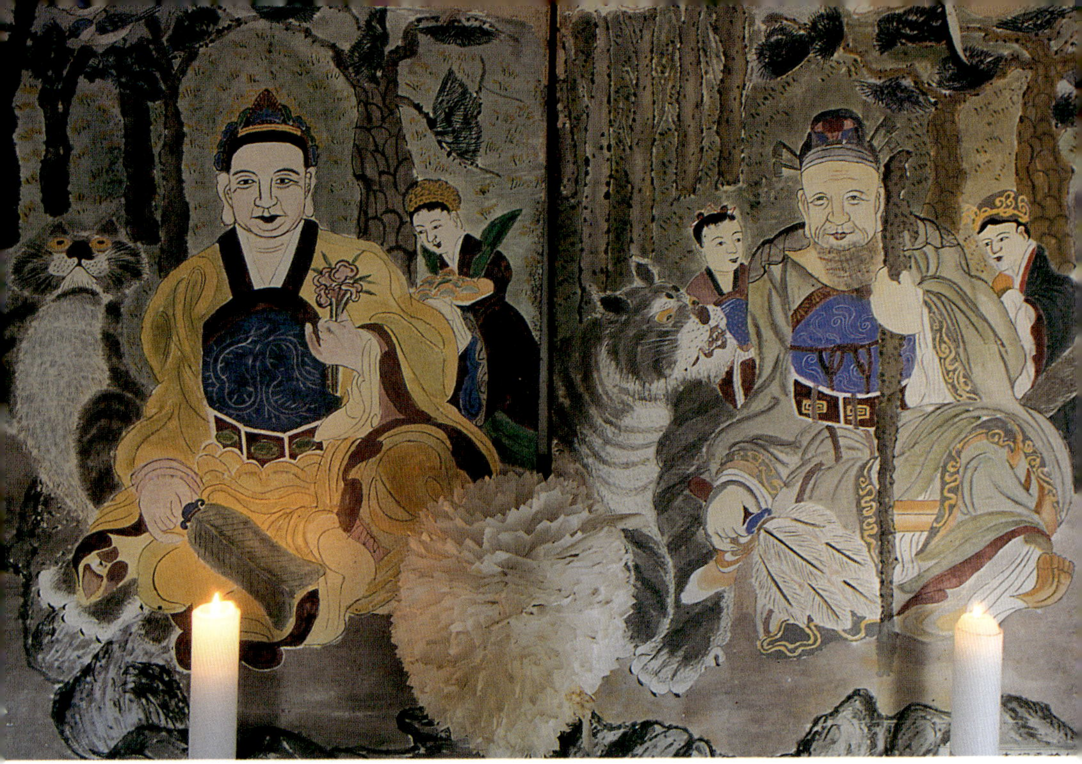

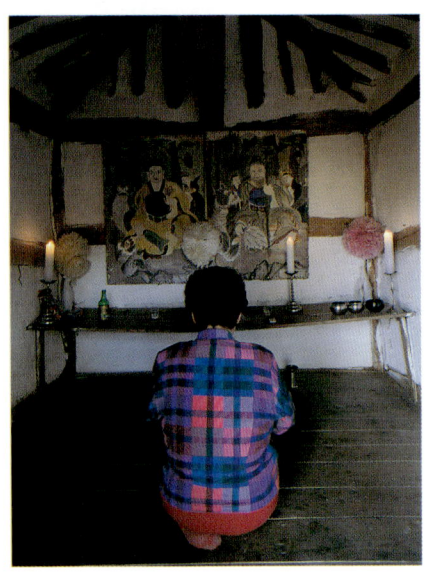

산신당 무신도 우리나라는 예로부터 산악 숭배가 강했는데 특히 범과 산신을 동일시해서 숭배하였다.(위)

산신당에서 치성을 드리는 신도 『정감록』에서 국도로 예언된 계룡산 일대는 1970년대까지만 해도 종교 집단이 무려 100여 개가 넘었는데 지리적 특성으로 인해 산신당이 많았다.(왼쪽)

대표적으로 감결, 징비록, 정이문답, 유산록, 동국역대기수본궁음양결, 삼한삼림비기, 무학비전, 오백론사, 도선비결, 북두류노정기, 두사초비결, 정가장결, 피장처, 청구비결 등이 있다. 이들은 거의가 지리쇠운설에 기초해서 한국 역대 왕조의 운수를 추점(推占) 예언하고 있는데 주로 '이씨망(李氏亡) 정씨흥(鄭氏興)'을 근본 비결로『감결』을 머리로 하고 있다.

　　정감록의 저작자 연대에 대해『조선상식문답』에서 육당 최남선이 밝힌 다음과 같은 설명은 많은 것을 시사한다.

　　　정감과 정감록의 내력이 어떠하냐 하면 정감과 이심이라는 이는 다 실재 인물이라 할 근거가 없으며, 또 조선 고대의 예언서는 역대 실록 같은데 그 명목을 수록하는 것이 수십 종으로 정감록이란 것은 그 가운데 보이지 않으니까 정감록이 생긴 지는 그리 오래인 것 같지 아니합니다. 다만 이씨 조선이 정씨의 혁명을 만난다는 운명설을 선조조 이전부터 행하여 선조 을축의 정여립이 역모한 것이 실로 이를 배경으로 하였으며, 그 뒤 광해군 인조 이하의 모든 혁명 운동에는 정씨의 계룡산의 그림자가 반드시 어른거려서 거의 예외가 없었고, 특히 정조 9년 을사 홍복영의 옥사에는 정감록이라는 명칭이 분명히 나오니, 대개 정감록이라는 것은 선조로부터 정조에 이르는 어느 시기에 혁명 운동상의 필요로 자료를 민간 신앙 방면에서 취하여 미래 국토의 희망적 표상을 만들어낸 것입니다.

　　그러면 계룡산의 국도 예언을『정감록』의 여러 이본 중에서 살펴보자.

『감결』에 보이는 계룡산 국도 예언

　　『감결』을 가리켜 흔히『정감록』의 원본이라고 말한다. 이 감결에서 많은 이서(異書)들이 파생되었다고 하며 모든『정감록』이서들이 감결의 내용을 인용했거나 수정, 기록한 것이라고 한다. 감결은 감(鑑)이라는 사람이 썼다는 말로, 감은 중국 고대의 사마휘나 제갈량보다 여러 모로 뒤지지 않는 예언가라고 서두에서 밝혀 『정감록』의 권위를 지키려는 의도가 엿보인다. 여기에서는 계룡산의 국도 예언을 다음과 같이 전하고 있다.

　심이 말하기를 "금강산으로 옮겨진 내맥의 운이 태백산·소백산에 이르러 산천의 기운이 뭉쳐져 계룡산으로 들어가니, 정씨가 800년 도읍할 땅이로다. 그후 원맥이 가야산으로 들어가니, 조씨가 천년 도읍할 땅이며 전주는 범씨가 600백 년 도읍할 땅이요, 송악으로 말하면 왕씨가 다시 일어나는 땅인데 그 이하는 상세하지 않아서 무엇이라 말할 수 없다. …(중략)… 계룡산의 돌이 희어지고 청포의 대가 희어지고, 초포에 조수가 생기어 배가 다니니 …(중략)… 대중화 소중화가 망할 것이다."
　또한 말하기를 "계룡산에 나라를 세우면 변씨 성을 가진 정승과 배씨 성을 가진 장수가 개국 일등 공신이 되고, 방성(房姓)과 우가(牛歌)가 손발같이 일하게 되리라."

이와 같이 『감결』에는 한양 이씨(漢陽李氏)의 멸망과 계룡 정씨(鷄龍鄭氏)의 흥기를 예언하고 있다. 계룡산의 돌이 희어지고 초포에 배가 들면 이씨 조선이 망하고 계룡산에 정씨의 도읍이 생긴다는 것이다. 이러한 점에서 계룡산 신도안이 조선 초기부터 새 도읍지 후보로 복정(卜定)된 바 있었다는 것이 이 『감결』 내용과 깊게 관련되고 있음을 알 수 있다. 또 "30리의 평평한 모래밭에 남문이 다시 일어난다"고 하며 계룡산에 정씨의 새 도읍이 생길 것이란 예언을 하고 있다.

　아울러 십승지지(十勝之地)의 땅을 거론하고 있는데 여기에 계룡산이 포함되어 있다. 즉 "계룡산 밖의 네 고을 또한 백성들이 몸을 보존할 만한 곳이다(鷄龍之南外四郡)"라 하고, 피난처로서 "공주 계룡산으로 유구·

마곡 두 골의 물의 길이가 2백이나 되므로 난을 피할 수 있다"라고 하여 피난처 가운데 여섯 번째로 꼽고 있다.

이 내용은 조선이 한양에 도읍하여 5백 년의 역사가 끝나고 말세에 새 지도자가 나타날 징조와 인물을 제시하고 있으며 그 주인공이 정씨로서 계룡산에 도읍을 정하게 된다는 것이다.

「삼한산림비기」에 보이는 계룡산 국도 예언

「삼한산림비기(三韓山林秘記)」는 『정감록』비기 중에서 문장이 가장 길고 그 내용에 있어서도 가장 다양하기 때문에 혹자들은 이것이야말로 『정감록』의 진본이라 하기도 하며 도선 국사의 기록이라고 주장하기도 한다. 이는 시기적으로 도선 국사와 비슷한 데서 연유된 듯하다. 「삼한산림비기」에 보이는 계룡산 관련 문구를 정리하면 다음과 같다.

계룡산 아래 도읍할 땅이 있으니 정씨가 나라를 세우리라. 그러나 복덕이 이씨에게는 미치지 않을 것이다. 다만 밝은 임금과 의로운 임금이 연달아 나고, 세상이 운회하는 때를 당해 불교를 크게 일으키고 어진 재상, 슬기로운 장수, 불사(佛師), 문인 등이 왕국에 많이 나서 일대의 예악을 찬란하게 장식하리니 드물게 보는 일일 것이다. 한 나라의 도읍으로는 금강이 제일이고 그 다음이 송악, 그 다음이 한산이다. 서경(평양)·동경(경주)은 바다에 가깝고, 북경(원주), 원양은 땅이 몹시 좁으며 마니산은 비록 바다 가운데 있지만 반드시 왕이 거하리라. 그러나 10년이 못되어 도읍을 옮길 것이다.

계룡산 아래의 땅이란 신도안을 말하며 금강을 제일의 도읍지로 꼽고 있는데 이것도 계룡산을 가리키는 것이다. 즉 이곳에 도읍을 세우는 것이 가장 좋다는 뜻이다.

삼국으로 나누어지는 일은 틀림없이 묘년(卯年)과 진년(辰年) 사이에 생길 것이다. 태백산 아래 자리잡은 나라가 제일 강성하여 170년 뒤에 끝내 두 나라를 병합하나 결국에는 정씨인 외성(外姓)에게 빼앗길 것이다. 이때의 인사들은 반드시 계룡산 아래에 묻어라. 대궐터에 여섯 자 되는 돌로 만든 당간지주(휘장)가 땅속에 묻혀 있고, 그 위에 42자나 되는 글자가 새겨져 있어 그 모습을 드러내게 될 것이다. 마땅히 금성(金姓)·목성(木姓)의 성을 가진 이가 서쪽에서 찾아와 구기지니무 덤불 속에서 발견하게 될 것이다. 비록 금사(金蛇)를 만날지라도 놀라서 죽이거나 해하지 말고 그곳에다 정전(正殿)을 세우면 천하가 평안하고 나라 안이 늘 태평할 것이니 즐거운 일이다.

여기서 가리킨 금사는 신사(辛巳)년을 말하는 것으로 이는 오행의 간지를 수목화토금(水木火土金)으로 표현하고 짐승의 이름을 대입시켜 연대를 암시한 것이다. 또한 돌로 만든 당간이 여섯 자나 되는데 그 돌에 42자를 새긴 돌이 구기자나무 숲에서 발견될 것인즉 그 자리에 궁궐을 지으면 태평할 수 있다는 것이다. 이는 당간지주에 새겨진 돌을 찾아 그 자리에 정전을 짓는 자가 바로 지도자가 되어 어지러운 말세를 다스린다는 새 시대의 도래를 암시한 것이라 할 수 있다. 여기서 정전의 자리란 계룡산 신도안을 가리킨다.

「도선비기」에 보이는 계룡산 국도 예언

「도선비기」는 도선이 남긴 비기 중에서 조선의 역사와 조선 말에 나타날 징조와 마침내 등장할 정도령에 대해서 언급한 부분으로, 누군가가 이 분야만을 발췌한 것으로 보인다. 다음은 계룡산 관련 내용이다.

인묘년을 당하여 남북이 서로 솟은 발처럼 형세를 이룰 것이다. 오얏

나무를 부추겨 주고 베고 나야 비로소 나라의 기틀이 정해진다. 한 나라가 편안해지니 누구의 공로인가? 오직 정도령이 총명하고 신기하며 예지롭기 때문이다. 군사를 서쪽 변방에서 일으키니 천자가 기쁘게 여긴다. 세 이웃이 서로 도와 계룡산에 세 아들로 하여금 안전하게 도읍을 정할 것이다.

위 내용 가운데 삼자전읍(三子奠邑)은 정(鄭) 자를 풀어 놓은 문장으로 정도령이 출현하여 서쪽 변방에서 일을 도모하기 시작하니 천자가 이를 기뻐하며 세 이웃이 서로 도와 계룡산에 도읍할 세 아들을 편안케 한다는 뜻이다.

계룡산은 언제 국도가 되는가

그러면 계룡산에 신도가 들어서는 시기는 언제쯤인가? 그것은 『정감록』의 '계룡백석 청포죽백 초포조생행주(鷄龍白石 淸浦竹白 草浦潮生行舟)'의 기록과 연천봉 바위에 새겨진 '방백마각 구혹화생(方百馬角 口或禾生)'이라는 참구에서 그 시기를 추측할 수 있다.

계룡백석 청포죽백 초포조생행주의 참설

계룡산의 국도 시기와 관계있는 '계룡백석 청포죽백 초포조생행주'라는 말은 '계룡산의 바윗돌이 희어지고 청포에 있는 대나무가 희어지고, 초포에 물길이 나 배가 다니게 되면 세상 일을 알 수 있다'는 뜻이다. 다시 말해 이렇게 될 때 정도령이 출현하여 계룡산에 국도를 세운다는 것이다.

그런데 이미 계룡산의 바위는 흰색이 된 지 오래되었지만 아직 초포에 물길이 나지 않아 배가 뜨지 못해 계룡산이 신도가 되지 못하였다는 것이다. 즉 새 도읍지가 되려면 금강물이 초포 앞으로 돌아들어서 배가 다녀야 되는데 그렇게 되려면 공주시 계룡면 월암리에 있는 '무너미고개'가 터져서 강이 되어야 한다는 것이다.『인조실록』6년 정월조에 '초포에 조수가 들어오면 계룡산에 도읍을 세우리라'는 내용은『정감록』내용과 흡사하다.

물길이 나 배가 뜬다는 초포는 어디를 두고 말한 것인가? 초포는 논산군 항월리에 위치해 있는데 이곳을 '풋개'라고도 한다. 이는 풀초(草)에 개포(浦) 자를 써서 초포라 한다. 현재는 금강물이 대전 회덕을 지나 부강을 거쳐 공주, 부여를 돌아 강경으로 하여 서해로 흘러 들어간다.

그러나 이와는 달리 회덕, 부강을 따라 내려온 금강이 공주 못미처 용왕동에서 꺾어져 공주시 계룡면 월암리 '무너미고개'를 넘어 논산군 광석면 항월리 초포로 들어가 논산군 두계면 천마산 자락에 위치한 양정고개로부터 내려온 연산천과 합쳐져 곧바로 공주, 연산, 논산, 강경을 지나 서해로 들어가야 한다는 것이다. 즉 금강의 물줄기가 공주에서 부여로 돌지 않고 계룡산을 감싸 안고 논산을 거쳐서 직접 강경 쪽으로 빠지게 될 때 계룡산의 '수태극' 형상이 더욱 뚜렷해진다고 한다. 다시 말하면 풍수에서 말하는 소위 계룡산의 '산태극 수태극' 현상이 완전 무결해짐으로써 '산수회포(山水回抱)' 또는 '산래수회(山來水回)'하여 산수가 모이고 바람이 흐트러지지 않게 되어 신도안이 풍수지리적으로 더욱 좋아져서 신도가 된다는 것이다.

그래서 집 팔고 논밭 팔아 계룡산에 들어와 정도령을 기다리던 사람들은 '무너미고개'가 무슨 조화로든지 무너지기만 하면 공주서 부여를 지나 강경으로 반월형을 그리며 흘러내리던 백마강이 바로 공주서 이 고개를 넘어서 초포로 휘돌려 갈 것이라고 믿고 있다. 그러나 수백 년 동안 눈이 뚫어지게 '무너미고개'가 터져 금강물이 초포로 들기를 기다렸으나 아직도 그놈의 고개는 꼼짝도 않는다고 푸념을 한다. 따라서 이곳 사람들

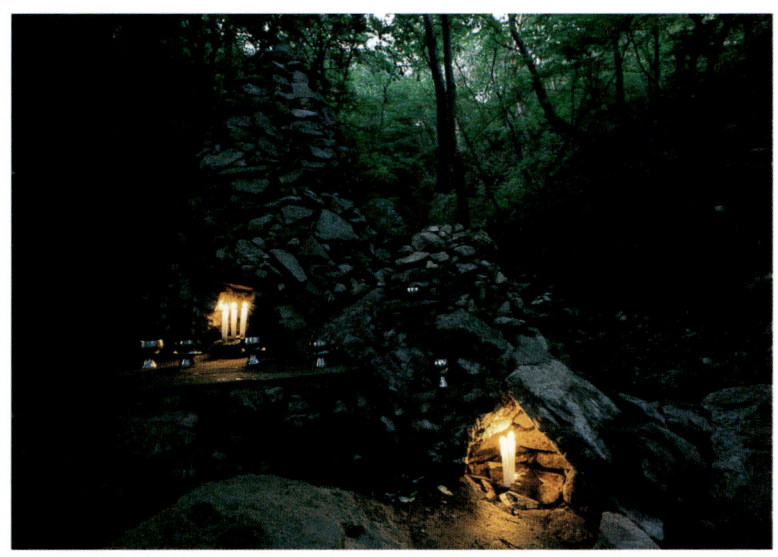

월정암 산신당과 돌탑 1984년 620사업으로 계룡산의 신흥 종교 집단은 모두 철거되었지만 그 뒤 다시 곳곳에 산신당이 생겨나기 시작하여 성업 중이다. 이곳은 공주시 반포면 학봉2리 동월에 위치한 월정암 산신당이다.

은 공주에서 연산으로 넘어가는 고개가 물이 넘친다고 하여 '무너미고개'라 이름을 붙이기도 하였다. 또한 배가 넘어 다닌다고 하여 '배너머고개'라고도 하고 널〔棺〕처럼 고개 밑이 비었다고 하여 '널티재'라 부르기도 한다.

또 신도안이 도읍이 되기 위해서는 '선강후도(先江後都)' 즉 강이 먼저 뚫려야만 읍도가 이루어진다고 한다. 이는 바로 '무너미고개'가 터져 금강의 물줄기가 초포로 들어 이곳으로 배가 들 수 있을 때 국도가 된다는 것이다. 이와는 달리 서울은 '선강후도' 즉 강이 먼저 생겼기 때문에 도읍이 되었다고 한다.

일제 때 이목(二木)이란 일본인이 이 무너미고개를 뚫어 금강물을 돌리려고 주민들로부터 승락서를 받아 말뚝까지 박았다 한다. 그러나 해방이

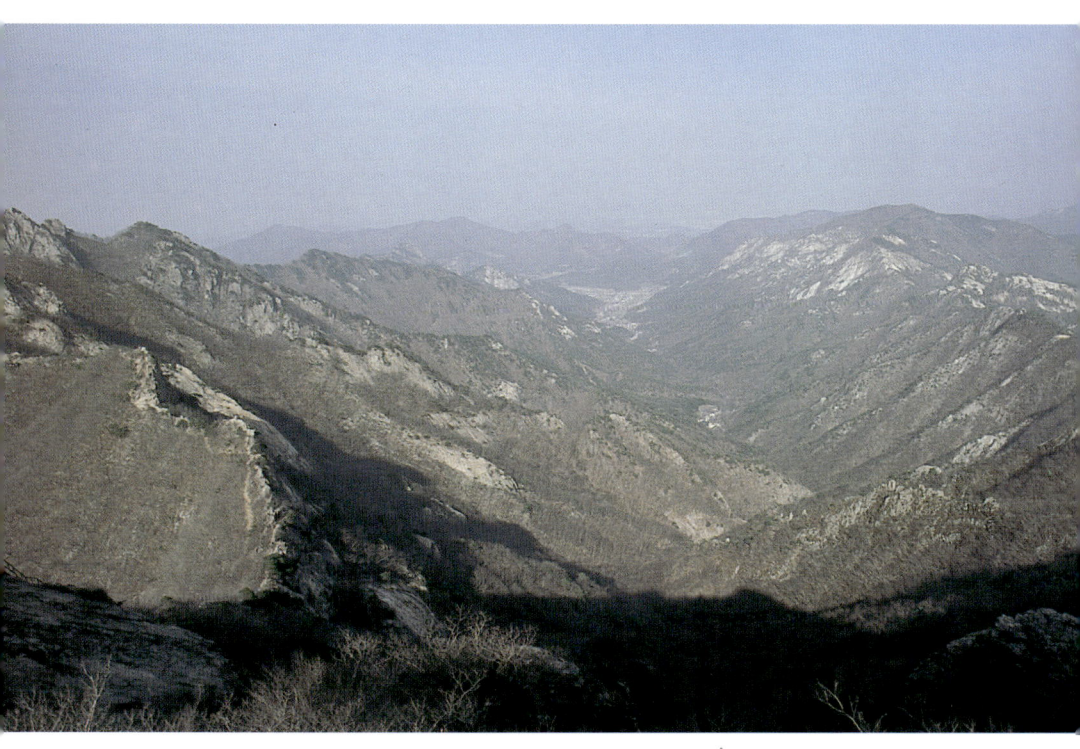

전망대에서 바라본 동학사 주변 연봉들 계룡산은 상봉에서 솟구쳐 천학만봉을 이루었다고 하는데 동북간으로 뻗친 연천봉, 사련봉, 삼불봉의 한 줄기 맥은 완미한 남성의 표상이며 상봉에서 장군봉을 흘러내려가 유성 평야에 자취를 감춘 잠룡의 맥은 부드러운 여성의 표상이다.

되어 이 작업은 중지되고 말았다. 만일 이때 물길이 뚫렸었다면 그것이 바로 '초포행주'가 될 뿐만 아니라 계룡산이 선명한 산태극 수태극이 되어 국도가 되었을 지도 모를 일이다.

방백마각 구혹화생의 참설

계룡산 연천봉 맨 꼭대기에 있는 바위에 '방백마각 구혹화생'이라는 여덟 자는 언제 누가 새기었는지 알 수 없다. 그러나 이 여덟 자가 조선의 운명을 예언한 참서라는 것은 모르는 사람이 없을 정도이다.

방백마각의 '방(方)'은 네모졌다라는 뜻으로 '사방즉사(四方卽四)'로 넉사(四) 자를 의미한다. '백(白)'은 100〔百〕을 가리키므로 '방백'은 '400'을 의미한다. '마(馬)'는 소우(牛) 자로 풀면 팔(八)과 십(十) 자가 되어 팔십(八十)이란 숫자가 된다. '각(角)'은 뿔이 둘이므로 이(二) 자를 표현 것으로, '마각'은 팔십이(八十二)란 뜻이다. 따라서 '방백마각'은 바로 사백팔십이(482)가 된다.

'구혹(口或)'은 나라 국(國) 자의 파자이다. '화생(禾生)'은 이(移)의 고자를 파자한 것〔『논어』에 보면 옮길 이(移) 자를 벼화(禾) 변에 날생(生)을 써서 사용하였다〕으로 국이(國移)를 뜻한다. 따라서 482년에 나라를 옮긴다는 말이다. 다시 말하면 조선은 개국 482년 뒤에 망한다는 뜻으로 500을 못 넘긴다는 참구이다. 그러나 실제로 조선의 존속 기간은 519년으로 21년이 더 연장되었다. 이러한 참설과 관련하여 왕조의 연장을 위하여 계룡산에 정씨 왕조가 들어서는 기운을 막기 위해 계룡산 연천봉 밑에 압정사(壓鄭寺)을 세우기도 하였다. 계룡산 정씨 800년의 왕운을 누르기 위한 것이다.

사실상 위와 같은 참설이나 혹은 선조 때 정여립의 모반 사건, 광해군 때 이의신의 계룡 천도 상소 사건, 정조 때 정후겸의 계룡옥사, 홍복영의 정감록 사건 등은 어느 시기에 이르면 계룡산에 신도가 실현될 것이란 기대가 깔려 있음을 나타내는 예라 할 수 있다.

명가람을 찾아서

현재 계룡산의 대표적인 불교 가람으로는 동쪽의 동학사, 서북쪽의 갑사, 서남록의 신원사 등이 어느 한쪽으로 치우치지 않고 알맞게 산재해 있다. 이들 사찰에 따른 부속 암자가 있고 그 남쪽 말미에 개태사가 자리하고 있다. 그밖에 월인사(月引寺), 용화사(龍華寺), 청학사(靑鶴寺), 봉안사(奉安寺) 등의 작은 사찰이 남아 있다. 또 동학사에서 갑사로 가는 계룡산 동쪽 중턱에는 청량사지(淸凉寺址)가 있는데 이곳에는 남매탑이라는 고려 석탑이 애틋한 사연을 간직한 전설과 함께 사이좋게 서 있다. 이밖에 계룡산 서북쪽 반포면 상신리 절골이라 불리는 마을에는 구룡사지(九龍寺址)라는 절터가 있으며 당시 사찰 규모를 알려 주는 당간지주를 비롯한 석조 유물들이 있어 나그네의 발걸음을 묶어 둔다.

비구니들의 전당 동학사

명칭과 유래
동학사는 계룡산 동북쪽 깊숙한 계곡을 끼고 자리잡고 있다. 행정 구역

상으로는 공주시 반포면 학봉리에 위치한다. 산골짜기 사이로 동에서 서쪽으로 흐르는 계곡을 앞으로 하고 남쪽을 향하여 터를 잡은 이 사찰은 골짜기가 깊어 자연히 가람의 터전이 협소하기 때문에 동서로 길쭉하게 전각들이 배치되었다. 동학사의 동학강원은 운문사의 강원과 함께 우리나라 비구니 수련 도량으로 손꼽히고 있다.

　신라 성덕왕 23년(724)에 회의 화상(懷義和尙)이 암자를 지었던 곳에 그의 스승 상원 조사(上願祖師)의 사리탑을 세우고 절을 창건하였는데 당시의 절 이름은 청량사(淸凉寺)였다고 전한다. 고려 태조 3년(921) 도선 국사가 왕명을 받들어 이 사찰을 중창하였다.

계룡산 안내도

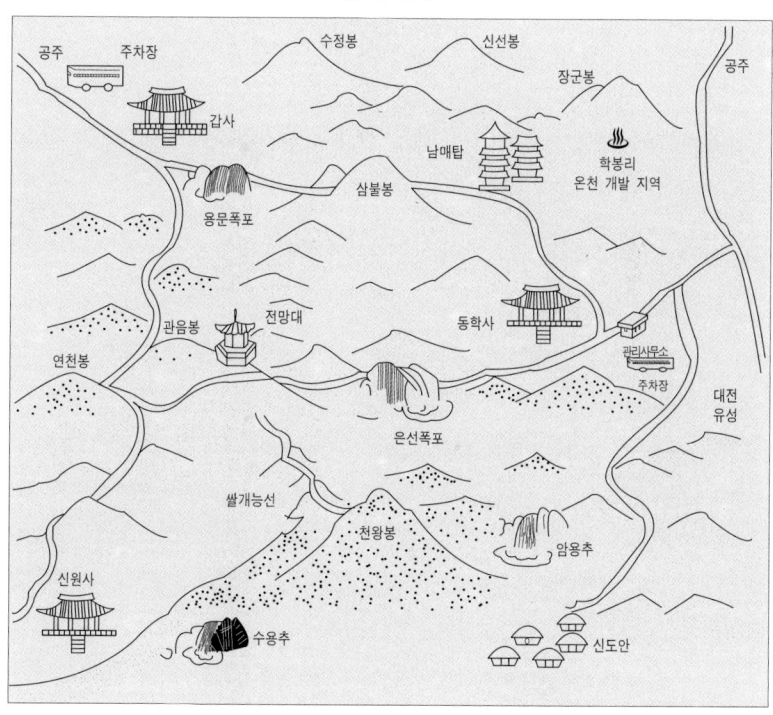

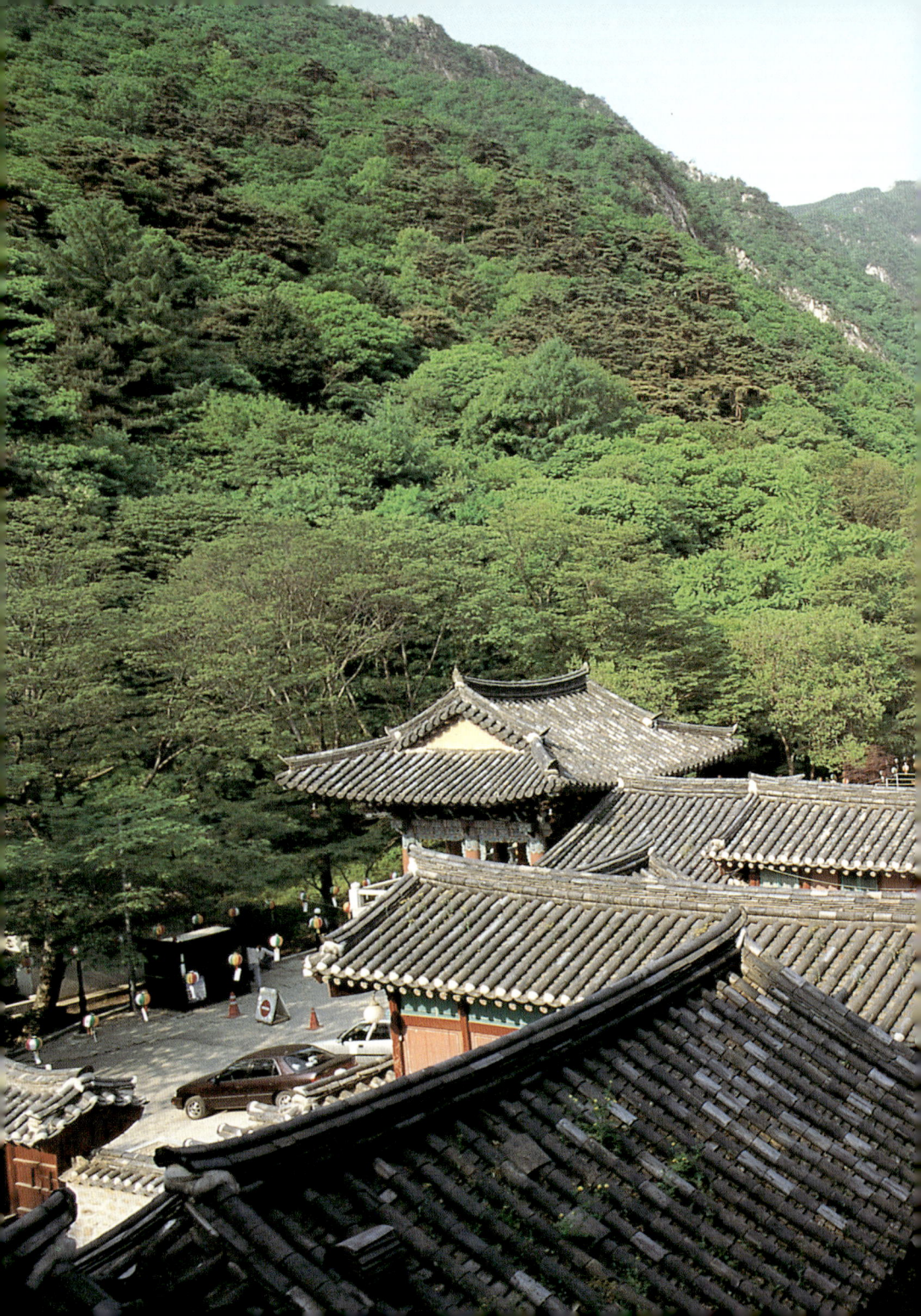

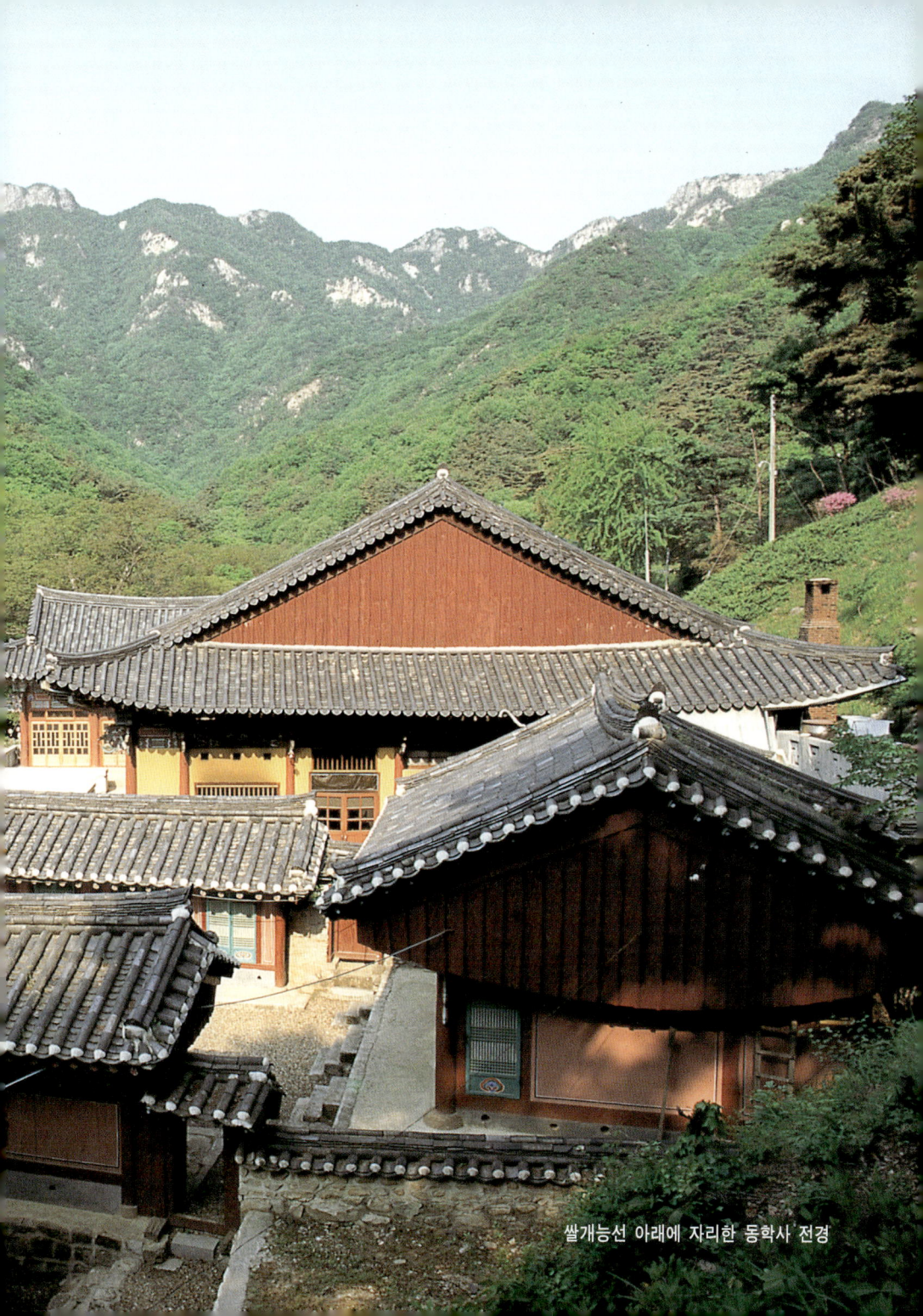

쌀개능선 아래에 자리한 동학사 전경

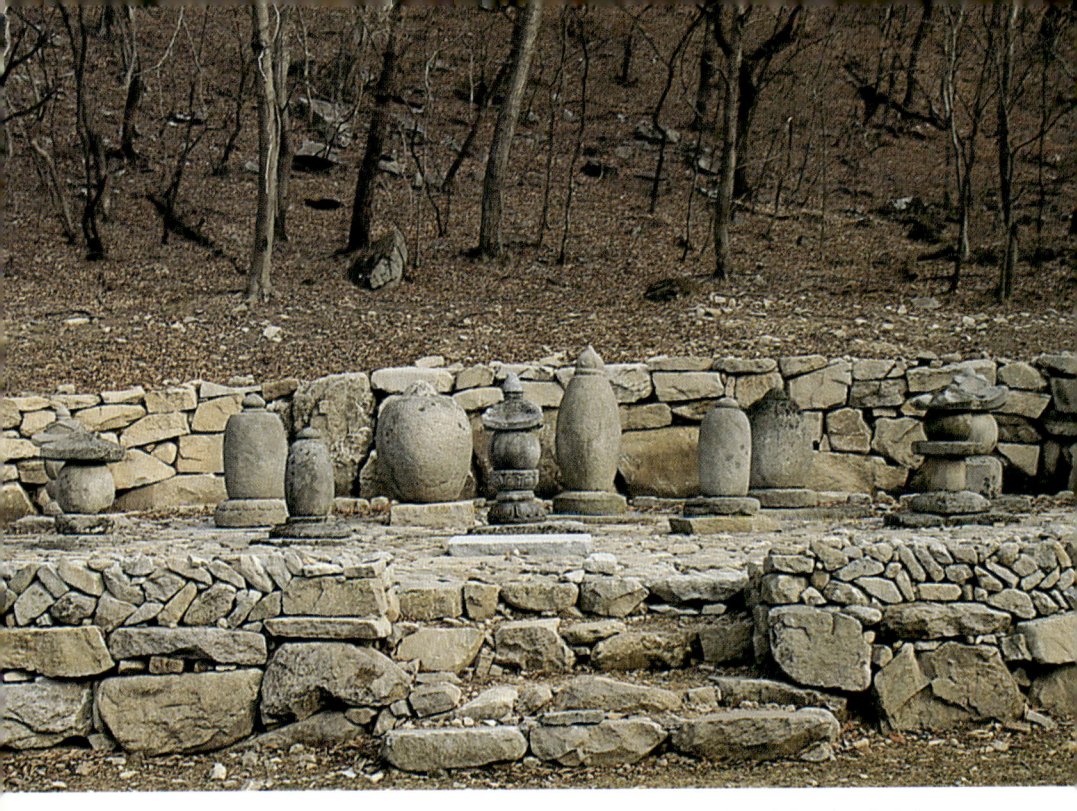

동학사 부도 우리나라에서 가장 오래된 비구니 수련 도량인 동학사 한켠에 스님들의 사리나 유골을 안치해 두는 부도밭이 자리하고 있다.

이때 원당을 건립하고 국운을 기원했다 해서 원당(願堂)이라고도 불리웠다. 그 뒤 936년에 신라가 망하자 대승관(大丞官) 유차달이 이 절에 와서 신라의 시조 박혁거세와 충신 박제상의 초혼을 제사 지내기 위해 동학사(東鶴祠)를 짓고 사찰을 확장한 뒤 절 이름도 동학사라 하였다 한다. 혹은 고려의 충신 정몽주를 이 절에 제향하였다 하여 동학사(東學寺)라 하였다는 전설도 있다.

한편 영조 4년 병화로 사원이 전소되어 80여 년 동안 빈 절터로 내려오다가 순조 14년(1814) 금봉 화상이 옛 원당터에 실상암을 짓고 절을 중건하여 절 이름을 개칭하였다. 즉 '진인출어동방(眞人出於東方)'이라 하여 '동(東)'자를 따고, 또 동학사가 지리적으로 푸른 학이 날아 들어오는 '사

판국청학귀소(寺版局靑鶴歸巢)'형인데, 여기서 '학(鶴)'자를 따서 동학
사라 명명했다는 설도 있다. 또한 절 동쪽에 학바위[鶴巖]가 있어서 '동학
사'라 하였다고도 한다.

이름이야 어떻든 태조 3년(1394)에는 고려 유신 길재가 동학사 승려 운
선과 함께 단을 쌓아서 고려 태조를 비롯한 충정왕, 공민왕의 초혼제와 정
몽주의 제사를 지냈다. 정종 1년(1399)에는 고려 유신 유방택이 이 절에 와
서 정몽주, 이색, 길재 등의 초혼제를 지냈다.

다음해에 이정간이 공주 목사로 와서 단 이름을 고려의 유신 포은 정몽
주, 목은 이색, 야은 길재의 호를 따 삼은단(三隱壇)이라 하고 또 전각을 지
어 삼은각(三隱閣)이라 하였다. 그러다가 세조 연간인 1457년에 매월당

숙모전 처음에는 삼은각이라 했으나 세조 때 계유정난으로 억울하게 죽은 사육신과 단종,
안평대군, 금성대군, 김종서 등 280명의 초혼제를 지낸 뒤 초혼각으로 명칭을 바꾸었고 그 뒤
1904년 고종이 증축하여 숙모전이라 하였다.

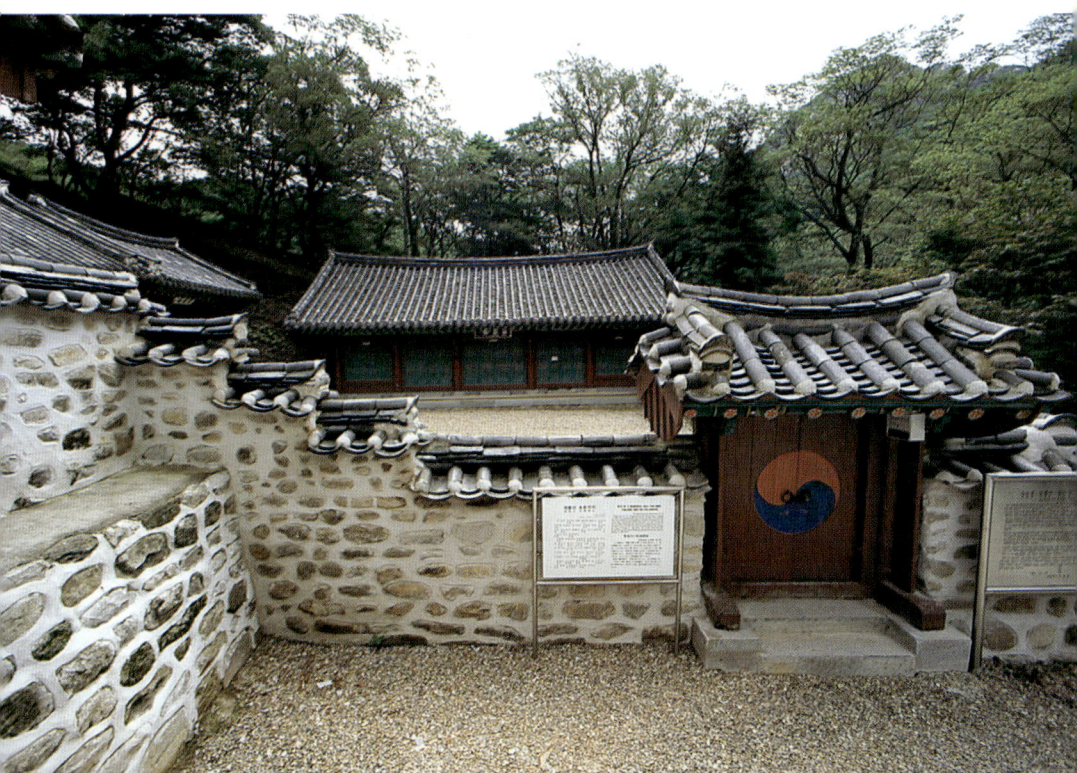

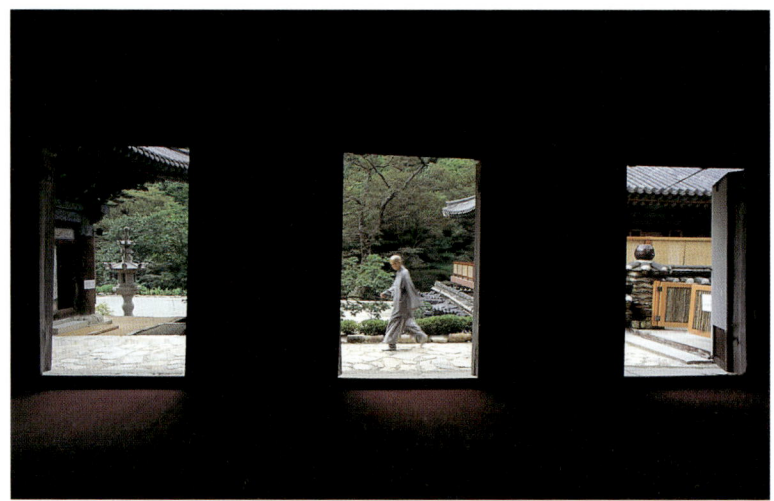

산사의 뜰을 걷고 있는 비구니 승가 대학에서는 150여 명의 비구니 스님들이 부처님의 일 대시교 및 수행과 포교에 필요한 제반 교육을 받으며 정진하고 있다. 비구니 스님들이라면 이곳을 거쳐가지 않은 분이 없을 만큼 그야말로 교육의 전당이다.

김시습과 조상치, 이축, 조려 등이 이곳에 와 삼은단 옆에 단을 쌓아 계유 정난 때 억울하게 죽은 사육신의 초혼제를 지내고 이어서 단종의 제단을 증설하였다.

다음해에 세조가 친히 동학사에 와 제단을 살피며 단종을 비롯하여 정 순왕후, 안평대군, 금성대군, 김종서, 황보인, 정분 등과 사육신 그리고 세 조 찬위로 원통하게 죽은 280여 명의 성명을 비단에 싸서 주며 초혼제를 지내게 한 뒤 초혼각을 짓게 하였다. 그리고 도장과 신표, 토지 등을 하사 하며 동학사로 사액한 다음 승려와 유생이 함께 제사를 받들도록 하였다. 그 뒤 초혼각은 영조 4년(1728)에 일어난 신천영(申天永)의 난으로 말미암 아 소실되고 정조 9년(1785) 정후겸이 위토를 팔아 버리자 제사가 중단되 기도 하였다.

거의 폐사 상태에 있던 절을 고종 6년(1869)에 만화 보선(萬和普誦) 화상

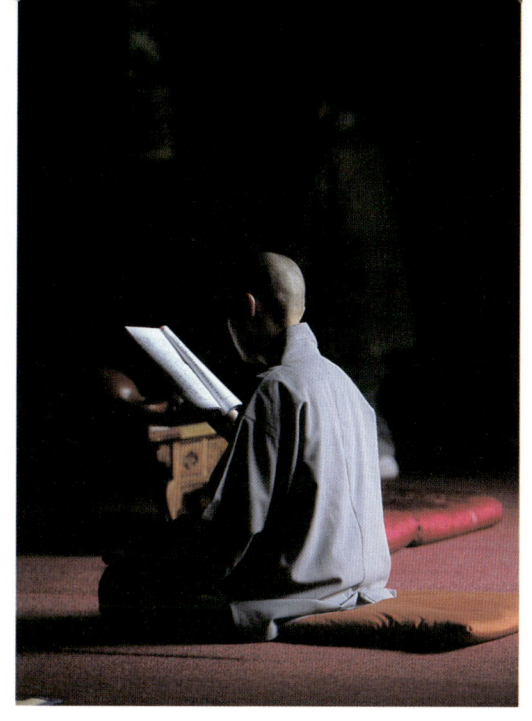

동학사 대웅전 부처님
앞에서 수행하는 스님

이 3칸의 건물을 중건하였다. 다시 1883년에 충청좌도어사 유석(柳奭)이 포 300을 내고 정하영이 제답을 시주하여 다시 제사를 베풀고 여기에 동서로 방을 증축하였다. 그러다가 1904년 고종이 초혼각에 숙모전이라는 이름을 내렸다고 한다.

현존하는 당우로는 대웅전, 무량수각, 대방, 삼은각, 숙모전, 범종각, 삼성각, 동학강원 등이 있다. 산내 암자로는 문수암, 길상암, 미타암 등이 있으며 조계종 마곡사의 말사이다.

비구니 승가 대학의 하루

계룡산 동쪽 깊숙이 자리잡은 천년 고찰 동학사는 우리나라에서 가장 오래된 비구니 교육 도량으로 널리 알려져 왔다. 4년제 승가 대학에서는 150여 명의 비구니 스님들이 부처님의 일대시교(一代時敎) 및 수행과 포교에 필요한 제반 교육을 받으며 정진하고 있다. 비구니 스님들이라면 이곳을 거쳐가지 않은 분이 없을 만큼 그야말로 교육의 전당이다.

이곳의 스님들은 새벽 3시, 새벽 공기를 가르는 도량석 목탁이 울림과 동시에 단잠을 깬다. 3시 15분에 큰방에 모여 예불과 백팔참회를 한다. 큰

방에서 새벽 예불과 백팔참회를 한 스님들은 아직 먼동이 트기 전인 4시 30분에 1시간 동안 입선(入禪)에 들었다가 5시 30분에 방선(放禪)을 한다.

아침 6시에 공양을 하고 경내 청소를 끝낸다. 도량 청소를 마치면 6시 55분에 상학을 마친다. 상학은 5분 동안 하는데 부처님께 하루 수업 시작을 알리는 의례이다. 7시부터 10시 30분까지 수업을 받은 다음 10시 45분에 부처님께 공양을 올린다. 이를 사시 마지(巳時麻旨)라 한다. 부처님 공양을 마치면 11시 30분에 점심 공양에 들어간다. 점심 공양 뒤 오후 1시 입선 선까지는 자유 시간이다.

다시 오후 1시에 입선에 들어 4시까지 방선학, 이후 청소를 한다. 도량 청소를 마치면 5시에 저녁 공양에 들어간다. 6시에는 저녁 예불을 드리고 6시 20분에 저녁 입선을 시작한다. 저녁 입선 시간에는 낮 동안 공부한 것에 대하여 논강을 통해 경전을 연구하고 토의한다. 동학사 승가 대학의 논강은 주입식이 아닌 논의하는 시간으로 승가 전통으로 내려오고 있는 점이 특징이다.

8시 30분에 방선을 끝으로 취침에 들어간다. 산사의 취침은 저녁 9시이다. 동학사 비구니 스님들은 단체 생활을 하기 때문에 개인 행동은 절대로 용납되지 않아 9시 소등과 동시에 취침을 해야 한다. 조그만 방심의 틈도 주지 않는 산사의 규칙적인 생활, 그것은 범인들이 흉내내기조차 어려운 그야말로 수도승만의 특권이 아니고 무엇이겠는가.

대웅전

현재 동학사에는 법당인 대웅전을 비롯하여 삼성각, 조사전(祖師殿), 동학사, 숙모전, 삼은각이 남아 있고 대웅전 동쪽에 몇 채의 요사채가 있다. 신천영의 난으로 모든 건물이 소실되고 고종 6년에 만화 보선 선사가 중건하였는데 이 중에서는 대웅전과 삼성각(三聖閣)이 오래된 건물이며 그 밖의 건물들은 모두 1956년에 건립되었다.

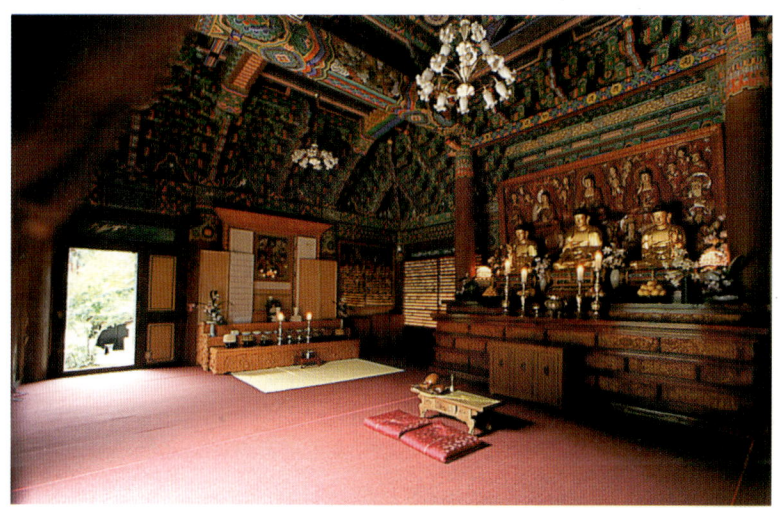

대웅전 내부 내부에는 마루를 깔았고 뒷면 가운데에는 높은 기둥을 세웠으며 여기에 다시 후불벽을 치고 나무로 깎은 후불탱을 걸고 삼존불상을 안치하였다.(위)

대웅전 천장 기둥과 그 사이사이에 연꽃, 봉황 등 여러 가지 문양이 장식되어 있다. 특히 가운데 보이는 봉황은 고상하고 품위 있는 모습을 지니고 있어 왕비에 비유되기도 한다.(오른쪽)

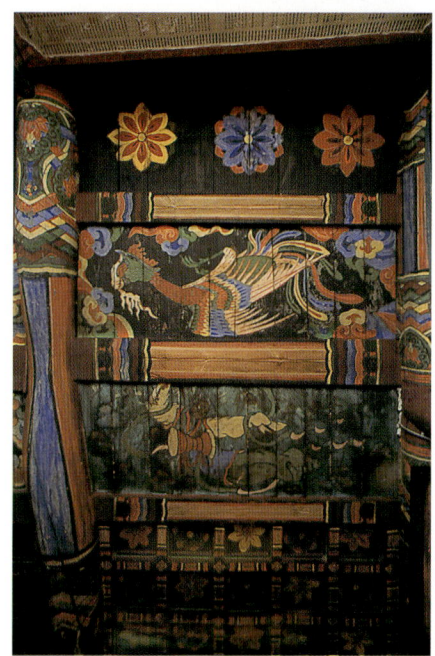

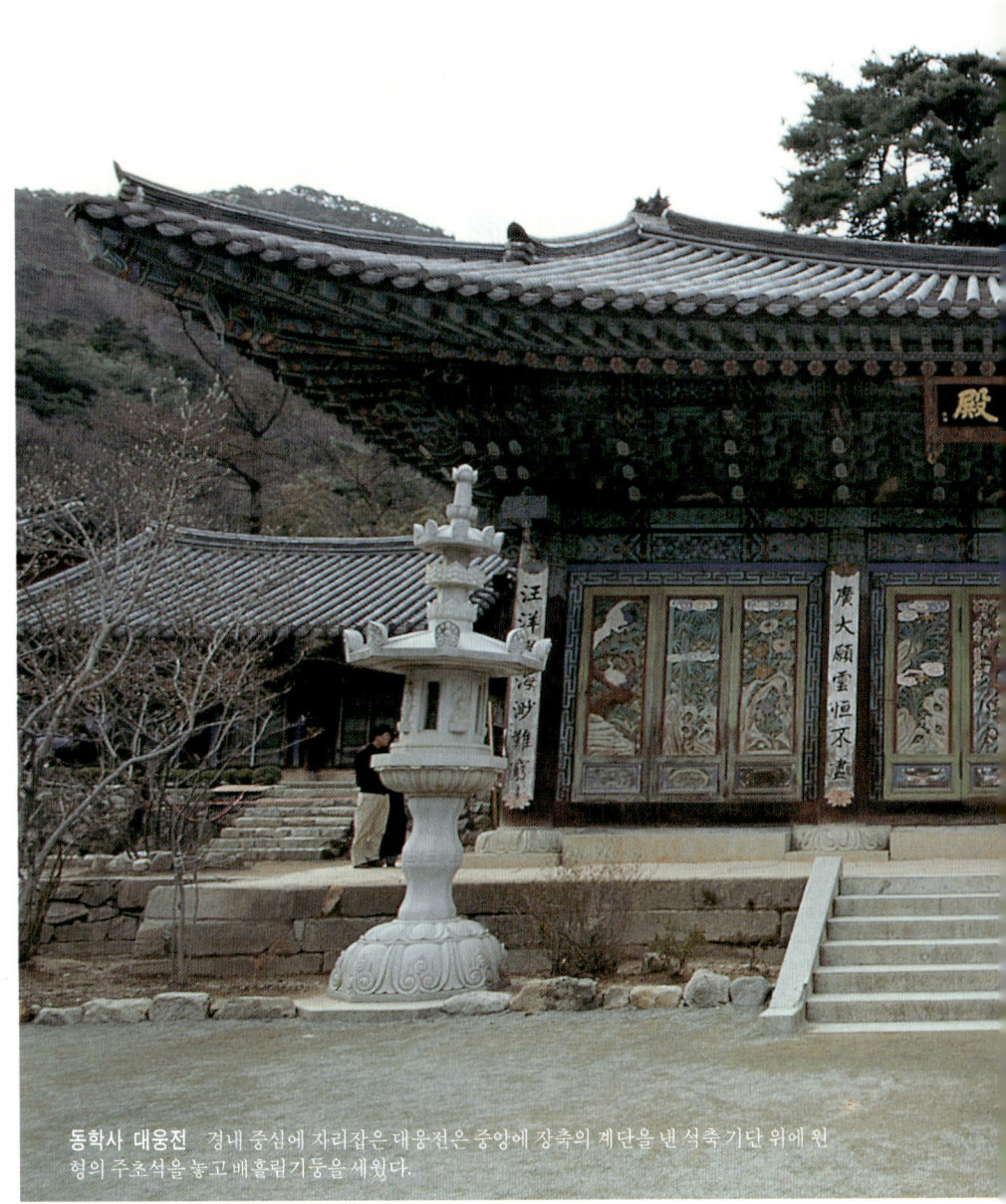

동학사 대웅전 경내 중심에 자리잡은 대웅전은 중앙에 장축의 계단을 낸 석축 기단 위에 원형의 주초석을 놓고 배흘림기둥을 세웠다.

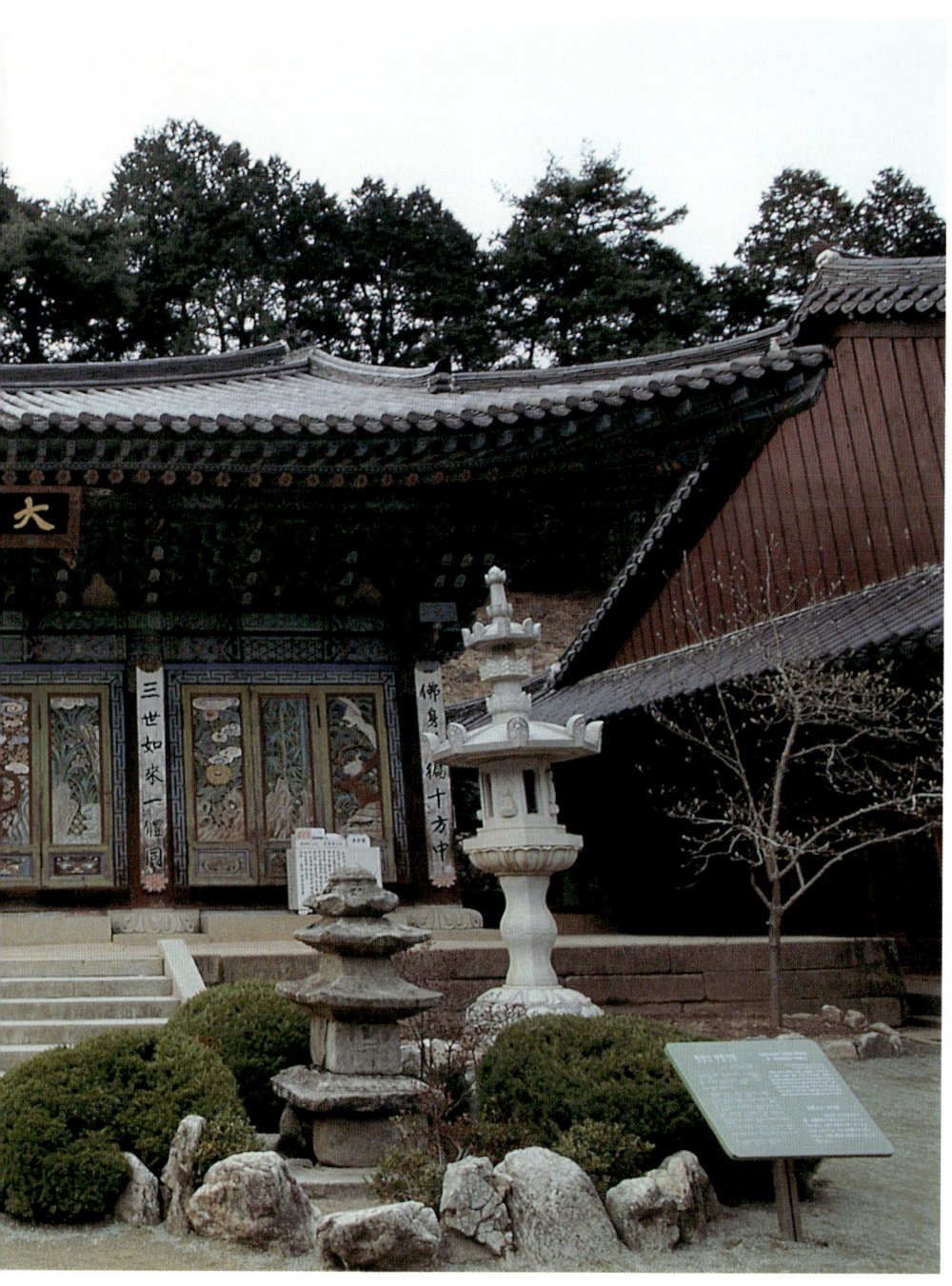

경내 중심에 자리잡은 대웅전은 중앙에 장축의 계단을 낸 석축 기단 위에 주초석을 놓고 배흘림기둥을 세워 평면 3칸, 측면 3칸의 평면으로 남향하여 세워져 있다. 석축의 기록에 의해 1935년에 세운 것을 알 수 있지만 석축 기단은 그보다 더 오래 전부터 있어 왔던 듯 풍화가 심하다.

건물 정면 3칸에는 좌우칸에 세 쪽으로 된 합문(閤門)을 달고 중앙칸에는 다시 네 쪽 문을 달았으며 문살에는 국화, 대나무, 소나무, 난초, 운학(雲鶴) 등의 무늬가 새겨져 있다. 내부에는 마루를 깔았고 뒷면 가운데에는 고주를 세우고 여기에 후불벽(後佛壁)을 치고 나무로 깎은 후불탱(後佛幀)을 걸고 삼존불상을 안치하였다.

삼성각

대웅전 왼쪽 뒤편 가까이에 세워졌다. 조선 말기 건물로 원형 기둥을 세워 맞배지붕에 정면 3칸, 측면 2칸 건물이다. 내벽에는 호랑이, 신장, 백의관음(白衣觀音), 화조(花鳥), 나한도 등을 배치하였다. 내부는 불단을 설치하고 중앙에 칠성신을 중심으로 왼쪽에 산신도를, 오른쪽에는 나반 존자상을 봉안하였다. 지붕 내부는 평주 위에 대들보를 걸고 그 위로 우물천장을 가설하였는데 여기에 용, 공작, 비천, 연꽃, 주악상(奏樂象) 등을 그렸다.

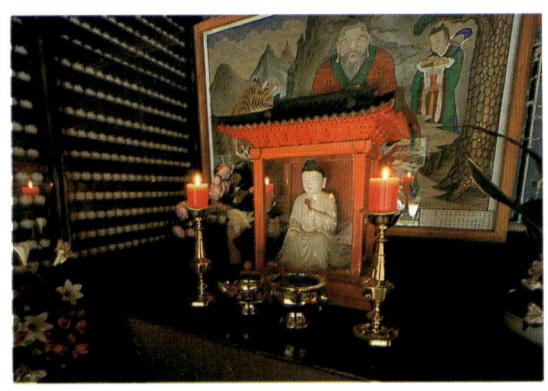

삼성각 내부 도교와 불교, 무속이 습합된 삼성각의 내부에는 불단을 설치하였고 중앙의 칠성신을 중심으로 왼쪽에 산신도를, 오른쪽에는 나반 존자상을 봉안하였다.

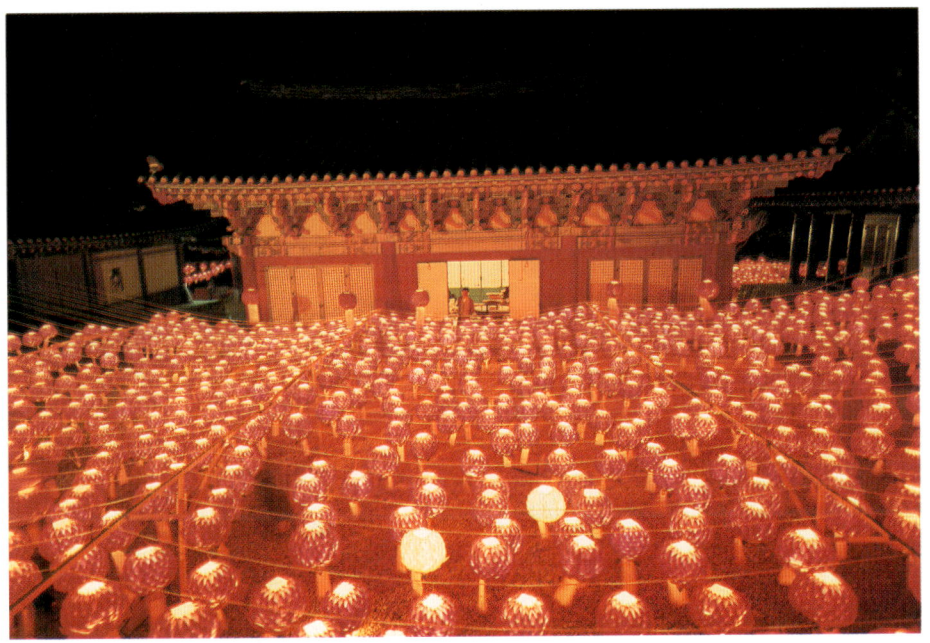

초파일 갑사 연등 화엄종 10대 사찰 가운데 하나인 갑사에서 초파일에 수많은 연등을 켜놓고 불심을 밝히고 있다.

문화재의 보고 갑사

연혁

갑사는 계룡산 서북쪽 공주시 계룡면 중장리에 자리잡고 있다. 화엄종 10대 사찰의 하나로 계룡갑사(鷄龍岬寺), 갑사(岬寺, 甲寺), 갑토사(甲土寺), 계룡사(鷄龍寺) 등 여러 이름으로 불리어 왔다.

신라 눌지왕 4년(420)에 아도 화상(阿道和尙)이 창건하였다는 설과 진흥왕 17년(557)에 혜명 대사가 창건하였다는 이야기가 전하고 있지만 모두 백제 지역에서 신라 승려들이 창건주가 되고 있어 신빙성이 없다. 비교적 정확한 사실로는 문무왕 19년(679)에 의상이 중수하고 화엄 대찰로 삼았다고 하는 기록이 보인다. 그 뒤 헌안왕 3년(859)과 진성여왕 1년(887)에 중

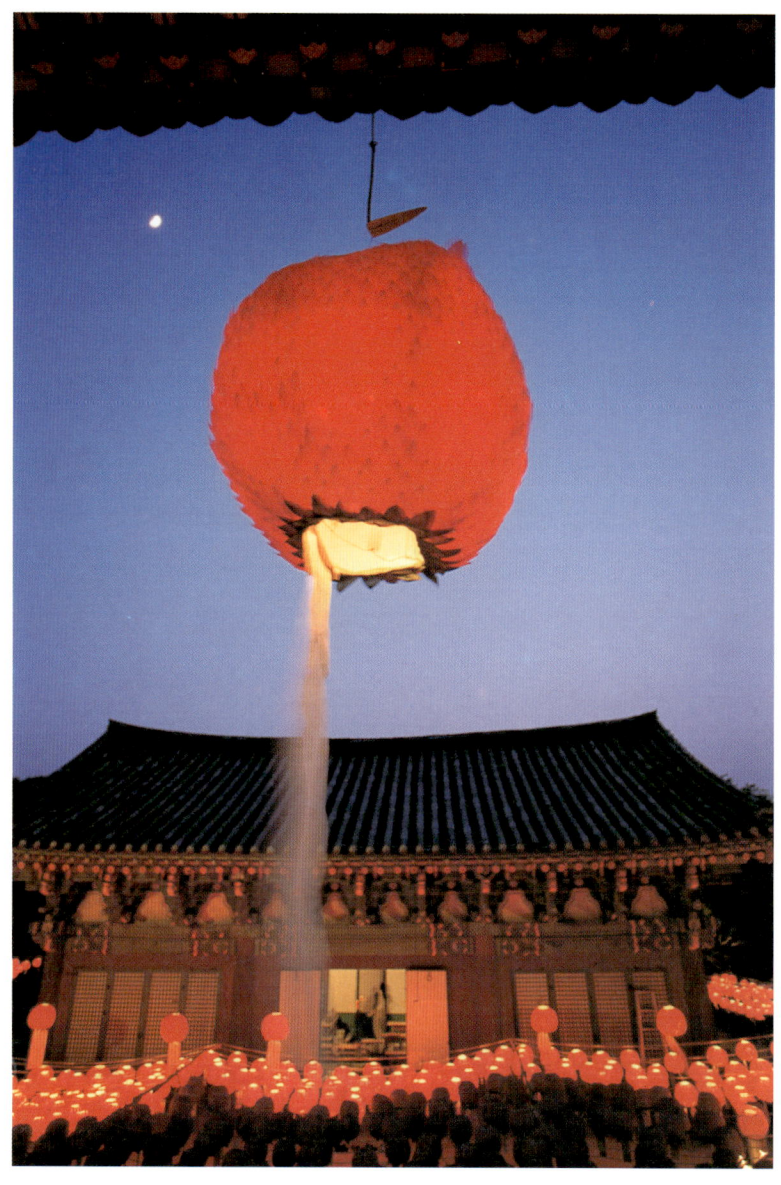

갑사의 초파일 연등 행사　계룡산 정봉인 연천봉 아래 좌우로 작은 골짜기를 두고 널찍하게 트인 산 밑자락을 차지하고 있는 갑사에서 초파일에 연등 행사를 하고 있다.

창하였다는 기록이 전
한다. 이 시기의 유적인
철당간과 지주가 남아
있는 것으로 보아 이때
에 이미 갑사가 어느 정
도 사찰의 격식을 이루
고 있었음을 알 수 있다.

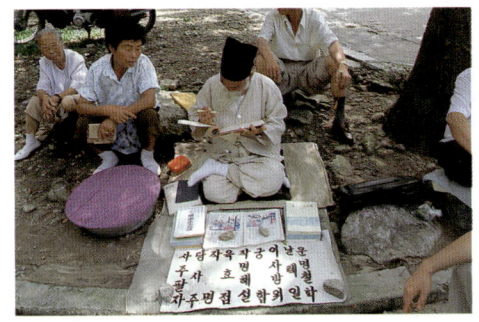

고려시대에는 전하는
기록이 거의 없고 다만
대적전(大寂殿) 앞의 석
조 승탑과 건물터가 이
시대의 유적으로 추정
되어 고려 때에도 존속
하였음을 더듬어 볼 뿐
이다.

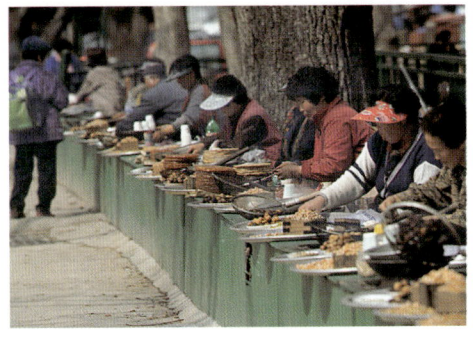

조선시대에는 세종 6
년(1424)의 사원 통폐합
에서 제외되어 화를 면

갑사 입구 전경 굵은 안경테에 유건을 눌러쓴 촌로가
관상과 사주를 보고 있으며(맨 위), 주차장 입구에는 노
점상이 즐비하게 늘어서 있다.(위)

하였을 뿐만 아니라 세조 때에는 왕실의 비호를 받아『월인석보』를 판각
하였고, 선조 16년(1583)에는 문루(門樓)를 중수하고, 이듬해인 1584년에
는 철 8,000근을 들여 대종(大鐘)을 주조하기도 하였다. 그러나 1597년 정
유재란 때 왜적의 침입으로 경내 모든 전각이 불타 버리는 화를 당했다.

선조 37년(1604)부터 대웅전과 진해당(振海堂)이 중건되고, 이어 효종 5
년(1654)까지 대대적인 공사가 계속되었다. 여주 목사 이지천(李志賤)이
지은 '계룡산갑사사적비명'에 의하면 이 중창 공사는 사정(思淨), 신휘(愼
徽), 일행(一行), 정화(定華) 등의 승려와 관찰사 강백년(姜栢年)의 공으로

이루어졌다. 정조 7년(1783)에는 표충원(表忠院)이 세워지고 정조 21년(1797)에는 적묵당(寂默堂)이 중창되었는데 고종 12년(1875)에 다시 대웅전과 진해당이 지어졌고 광무 3년(1899)에는 숙묵당이 새로이 건립되어 오늘에 이르고 있다.

이 절에는 보물 제256호인 철당간 및 지주, 보물 제257호인 부도, 보물 제478호인 범종, 석조 약사여래 입상, 석조 보살 입상, 사적비, 표충원, 공우탑(功牛塔), 대적전, 천불전 등을 비롯하여 31개의 『월인석보』 판목 등 주요 유적과 유물들이 있다.

갑사의 터는 계룡산 정봉인 연천봉 아래 좌우로 작은 골짜기를 두고 널찍하게 트인 산 밑자락을 차지하고 있다. 절 앞에는 골짜기의 물을 막아 연못을 만들었으며 그 위로 축대를 돌로 쌓아 본격적인 터전을 마련하였다. 주차장을 지나 절 입구에 다다르면 솟을대문 형식의 해탈문(解脫門)이 있어 속세의 번민에서 잠시나마 벗어나는 듯한 느낌을 준다. 문을 들어서면 작은 마당이 나타나고 오른편으로 범종각이 있고 앞쪽으로 강당이 배치되어 있다. 강당의 처마 밑에는 절도사 홍재의(洪在義)가 쓴 '계룡갑사(鷄龍甲寺)'라는 현판이 발걸음을 멈추게 한다. 강당을 지나 중원뜰로 들어서면 좌우에 진해당과 숙적당이 배치되어 있는데 지금은 모두 요사채로 쓰고 있다. 중정의 정면에 위치한 대웅전은 한층 높은 석축 기단 위에 서향으로 서 있고, 오른쪽으로 약간 떨어진 언덕에는 삼성각이 있다.

대웅전을 둘러싸고 있는 중심 전각들을 벗어나 동북방으로 계곡을 건너 오르막길을 따라 올라가면 몇 군데 별채가 나타나는데 이곳에는 표충원(表忠院)과 팔상전(八相殿) 그리고 또 다른 요사채가 있다. 표충원에는 사명 대사, 서산 대사, 영규 대사의 영정이 봉안되어 있으며 원내의 서쪽 뜨락에는 사적비가 세워져 있다. 남쪽 계곡 부근에는 자연으로 이루어진 석감(石龕) 안에 고려 때 것으로 보이는 석조 약사여래 입상이 있고, 계곡을 건너가면 요사채가 딸린 대적전이 있다.

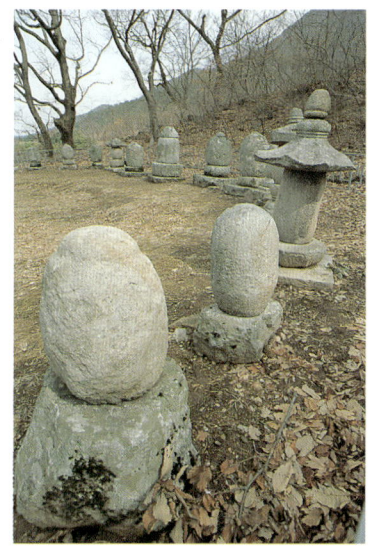

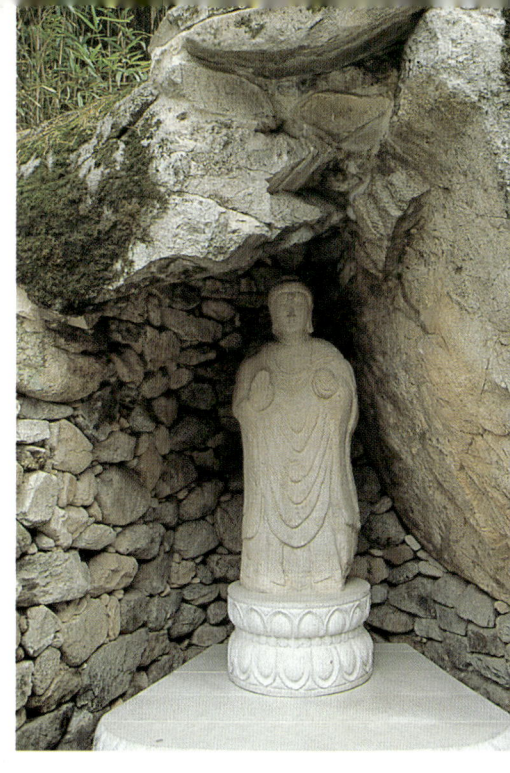

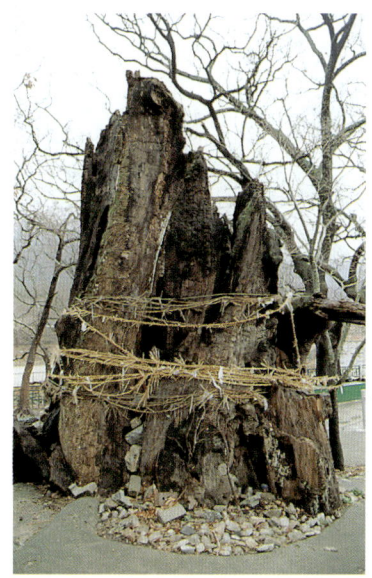

갑사 부도 절에 부도를 세우는 것은 법제
문도(法弟門徒)들이 그것을 예배함으로써
스승의 가르침을 마음에 새기고 스스로 행
하게 하기 위한 것이다.(위 왼쪽)

석조 약사여래 입상 표충원 남쪽 계곡 부
근에 자연으로 이루어진 석감 안에 고려 때
것으로 보이는 석조 약사여래 입상이 있
다.(위 오른쪽)

갑사 입구의 괴목단 괴목단은 마을의 당
산과 같은 유형이다. 구전에 의하면 이 괴
목이 영험이 많아 끊겼던 마을 제사를 다시
지내면서 단을 모았다는 뜻에서 괴목단이
라 하였다고 한다. 나무 밑둘레가 31.6미터
나 된다.(왼쪽)

대적전 앞에는 고려시대 부도가 놓여 있으며 이 전각 앞 내리막길 약 120미터 지점에 철당간과 지주가 서 있다. 갑사에서 용문폭포를 따라 1.3 킬로미터쯤 오르면 왼쪽에 신흥암이 있고 그 뒤쪽에 천진보탑이 있다. 이 탑에는 석가모니의 진신사리가 봉안되어 있다고 전한다.

조계종 마곡사의 말사로 등록되어 있으며 부속 암자로는 신흥암을 비롯해 내원암, 대적암, 대성암, 대자암 등이 있다.

대웅전

경내의 중심부에 자리잡은 대웅전은 19세기 후반에 지은 것으로, 1.8미터의 높은 석축 기단 위에 덤벙주초석을 놓고 둥근 기둥을 사용하여 정면 5칸, 측면 3칸의 건물을 서쪽으로 향하여 세웠다. 처마와 지붕은 다포식 맞배지붕으로 처리하였다.

앞면 중앙을 차지하는 3칸의 문은 사분합(四分閤)의 띠살문을 달고 좌우 끝문과 측면 좌우의 앞칸에 달린 문은 쌍여닫이 띠살문을 달았으며, 기둥은 배흘림을 이루고 있다. 내부의 바닥에는 긴마루를 깔고, 내고주를 세우고 후불벽을 만들었으며 여기에 불단을 조성하고 삼존불을 안치하였다. 불상 위에는 닫집을 설치하고 천장은 우물천장으로 가설하였다.

이 건물은 1875년에 중수된 것으로 포를 짜는 형식은 전기 수법을 고수하고 있으나 전체적인 장식 기법은 조선시대 말기적인 특색을 보여 주고 있다. 대웅전을 맞배집으로 설계한 것은 산지 가람에서 흔히 나타나는 예라고 하겠다.

진여(眞如) 세계를 알리는 철당간과 지주

갑사의 철당간과 지주는 통일신라시대(9세기 말) 것으로 원위치에 기단부까지 잘 남아 있으며 보물 제256호로 지정되었다. 양 지주는 60센티미터 정도의 사이를 두고서 있다.

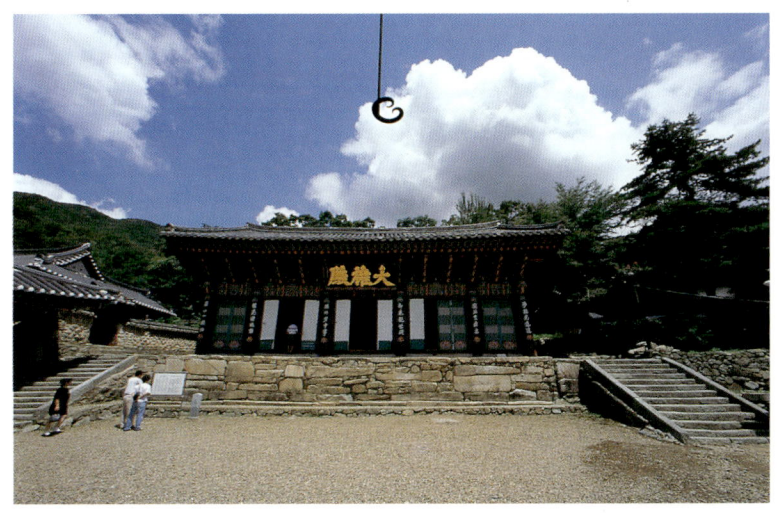

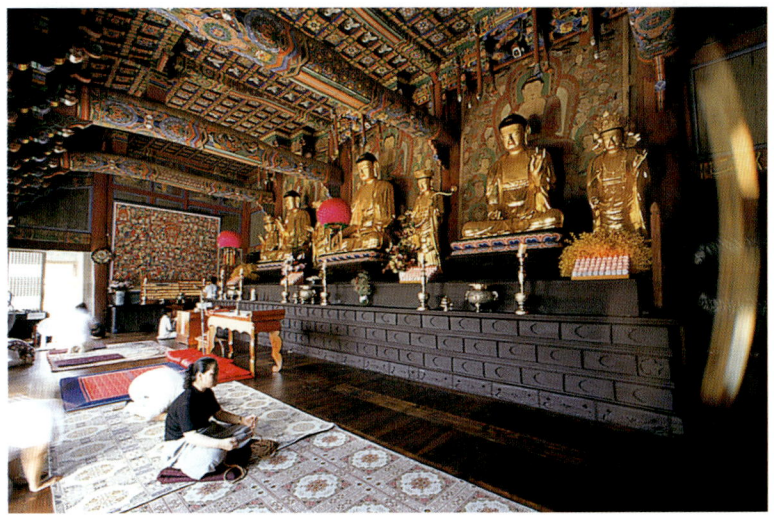

대웅전　19세기 후반에 지은 대웅전은 높은 석축 기단 위에 덤벙주초석을 놓고 둥근 기둥을 사용하여 정면 5칸, 측면 3칸의 건물을 서쪽으로 향하게 세웠다.(맨 위)

대웅전 내부　내고주를 세우고 후불벽을 만들었으며 여기에 불단을 조성하고 삼존불을 안치하였다.(위)

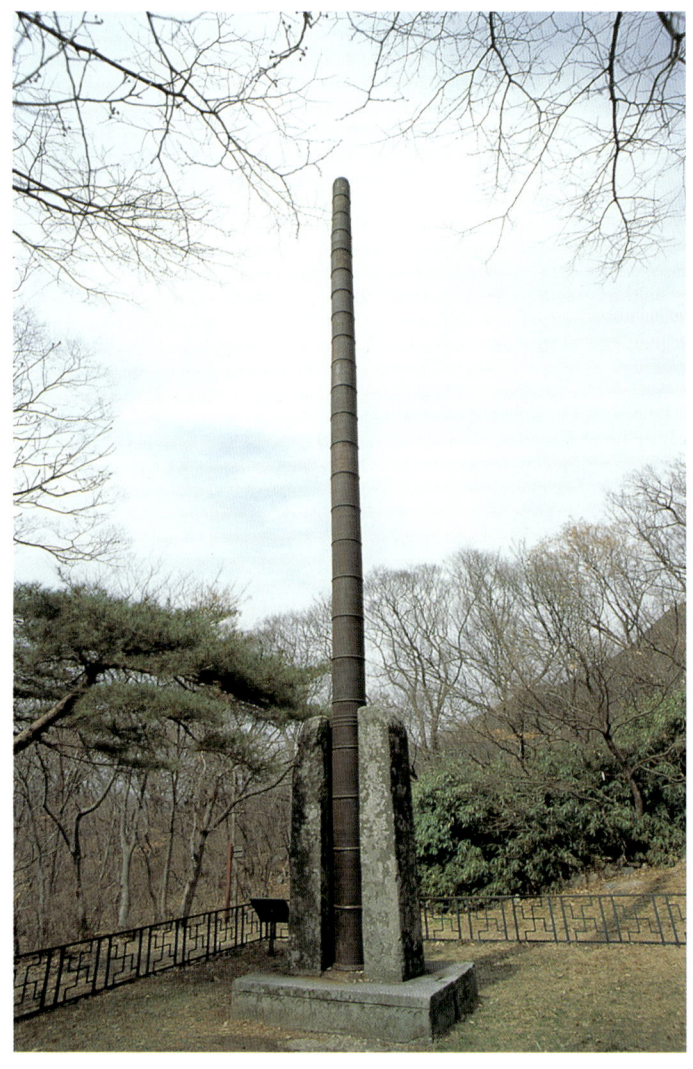

철당간과 지주 갑사의 철당간과 지주는 통일신라시대에 만들어진 것이다. 원위
치에 기단부까지 잘 남아 있으며 보물 제256호로 지정되었다.

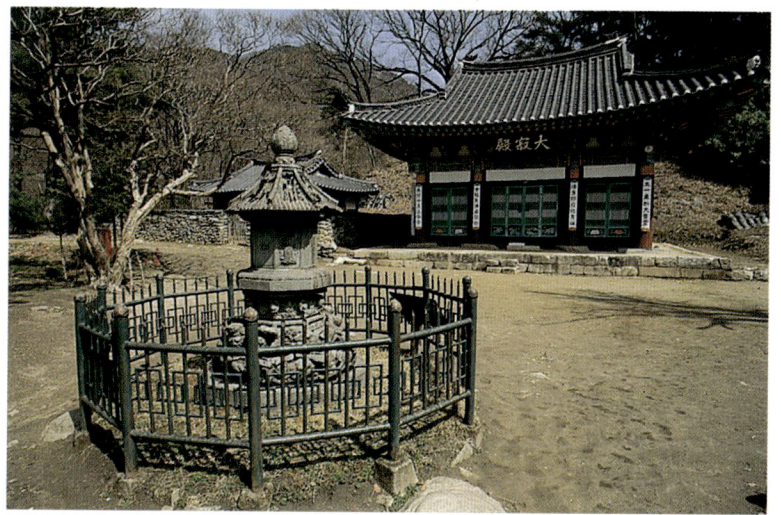

대적전 앞 부도   고려 전기에 만들어졌으며 팔각의 탑신은 앞뒤 양면에 문과 자물쇠를 표현했고 그 좌우로 사천왕상을 배치하였다. 전체적으로 조각 기법이 탁월하고 웅건한 기상이 넘쳐 흐른다. 보물 제257호로 지정되었다.

당간 높이는 15미터 정도로 직경 50센티미터의 철통 24개가 연결되어 있다. 이 철통들은 원래 28개로 전하는데 조선 고종 30년(1893) 7월 25일에 벼락이 떨어져 철통 4개가 부러졌다고 한다. 이 당간은 아래쪽으로부터 다섯 번째 철통을 3조의 고리로 묶어 고정시키고 있다.

대적전 앞 부도

고려 전기의 것으로 약 2미터 높이다. 이 부도는 갑사 뒤쪽의 중사자암(中獅子庵)에 세워졌던 것인데 1917년에 쓰러져 있던 것을 현재의 자리로 옮겨 세웠다. 전체적으로는 8각당형(八角堂形)의 평면을 기본적으로 채택하고 있으면서 기단부가 특이한 형상을 하고 있어 주목된다.

여러 개의 돌로 짜맞춘 팔각형의 높은 지대석 위에 하대석을 3단으로 구성하였는데 아래가 넓고 위가 좁은 모양이다.

8각의 형태를 지키면서 각 귀퉁이마다 밑으로부터 연잎이 피어나는 모양을 하였고, 각 면에는 형태를 달리하는 사자상을 1구씩 거의 입체에 가깝게 조각하였다. 중단에는 구름과 용문이 역시 입체적으로 조각되어 역동적인 감각을 보여 주고 있으며, 내부에는 배수가 용이하도록 홈을 파는 배려를 잊지 않았다.

주목할 것은 상단의 중대석은 8각형이지만 조각이 워낙 입체적으로 장식되어 있어 원형을 방불케 한다는 것이다. 또 각 모서리에는 꽃 모양의 장식이 튀어나오도록 하였으며 그 사이에는 악기를 타는 주악천인상을 양각하였다. 맨 위의 상대석은 8각으로 되었는데 아랫부분에 두툼한 부연(副椽)을 두고 윗면에 연꽃잎 32개를 돌렸으며 그 위로 2단의 탑신 받침을 내었다.

8각의 탑신은 앞뒤 양면에 문과 자물쇠를 표현하였고 그 좌우편에 사천왕상을 배치하였으며 모서리마다 가느다란 기둥을 새겼다. 옥개석은 목조 건물의 지붕 형태를 본땄는데, 처마 밑에는 서까래를 촘촘히 표현하고 지붕의 윗면에는 기왓골과 우동마루를 표현하고 있는데 지붕이 전체적으로 좁고 낙수면이 급경사를 이루고 있다. 상륜부에는 새로 만든 보주(寶珠)가 맨 위에 놓여 있다.

전체적으로 조각 수법이 탁월하고 웅건한 기상이 넘쳐 흐르며 각부의 장식 및 표현 방식이 다채롭다. 다만 옥개석의 규모가 작아지고 거기에 베풀어진 조각 장식도 섬약해진 것이 흠으로 지적된다. 현재 보물 제257호로 지정, 보호되고 있다.

동종

보물 제478호인 이 종은 1583년에 일어난 북방 호란을 평정하고 국왕의 성수(聖壽)를 축원하기 위하여 선조 17년(1584)에 주조되었다고 한다. 크기는 높이가 131센티미터이고 입지름이 91센티미터이다.

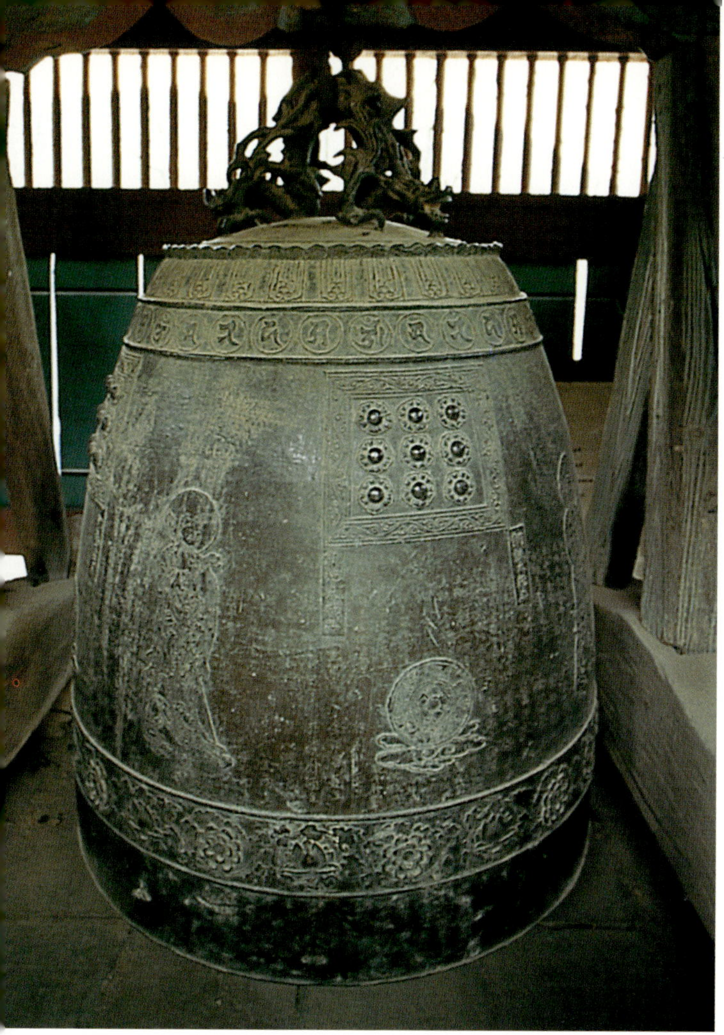

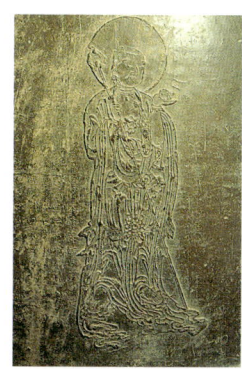

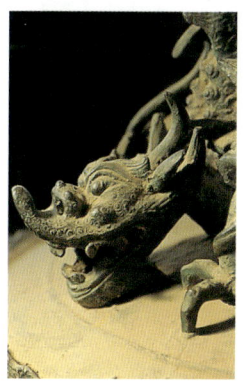

갑사 동종 1583년 북방 호란을 평정하고 국왕의 성수를 축원하기 위해 선조 17년에 주조된 이 종은 어깨부터 가슴 부위에 이르기까지 완만한 곡선을 이루고 있으며 배 부분부터 하단까지 거의 직선을 이루고 있는 것이 특징이다.(위)

동종 세부도
석장을 잡고 서 있는 보살 입상(오른쪽 맨 위)
용으로 장식한 동종의 정상부(오른쪽 가운데)
종신에 장식된 9개의 연화문 유두(오른쪽)

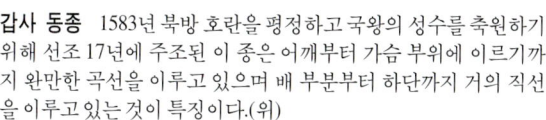

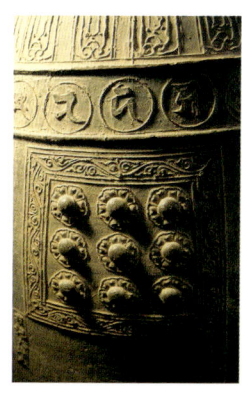

갑사 범종은 어깨로부터 가슴 부위에 이르기까지 완만한 곡선을 이루고 있으며 배 부분부터 하단까지는 거의 직선을 이루고 있는 것이 형태적 특징이다.

사모지붕을 한 범종각 안에 매달려 있는 이 종은 정상부, 즉 매달 수 있도록 한 부분은 두 마리의 용이 몸을 구부려 뉴(鈕)를 만들었다. 어깨 위에는 여의두립화형(如意頭立花形)의 장식이 돌려져 있다. 그 바로 밑으로는 2구의 양각 횡선대를 돌리고 상단에 장방형 구획을 한 연화문대를 돌리고 하단에는 원 속에 범자문대(梵字文帶)를 돌렸다. 이 두 겹의 횡대에 거의 밀착되어 4구의 유곽(乳廓)이 배치되고 있는데 외곽에는 당초문을 장식하였고 그 안에 연화문을 장식한 유두가 9개씩 배치되었다.

몸체 아래쪽에는 구름문 위에 연화문의 당좌(撞座)가 유곽 밑에 배치되어 있고 당좌와 당좌 사이에는 석장(錫杖)을 잡고 서 있는 보살 입상이 양각으로 선각되어 있으며 하단에는 약간 위쪽에 두 줄의 횡선대를 돌리고 그 속에 연꽃과 보상화 무늬를 돌렸다.

또 종구(鍾口)의 주연에도 양각의 선대를 돌리고 있으며, 유곽 밑에서 구연에 이르는 구간에는 이 종이 '갑신하사월(甲申夏巳月)'(1584년)에 제작되었다는 기록이 있어 조선 중기 동종에 대한 편년을 가늠케 하는 중요한 단서를 제공하고 있다.

고색 창연한 신원사

신원사는 계룡산 서남쪽에 위치해 있는데 행정 구역상으로는 충남 공주시 계룡면 양화리에 위치해 있다. 양화리 쪽의 절 입구에서 마음을 씻어 준다는 세심교(洗心橋)를 건너 왼쪽으로 3, 4분간 올라가면 절 안에 들어서게 된다.

절은 정남향으로 터를 잡았으며 전형적인 산지 가람을 형성하였는데 인근의 갑사보다 더 오래된 사찰이라고 하며 계룡산 일대 최대 고찰로 알려진다. 계룡산 할머니와 이성계의 개국 전설이 담긴 곳이기도 하다. 그러나 관광 사찰로 알려지지 않았기 때문에 찾아오는 사람이 동학사나 갑사에 비해 월등히 적으며 그 때문인지 계룡산의 사찰 가운데 가장 때가 덜 타고 절의 고풍스런 모습이 잘 간직되었다.

신원사는 백제 의자왕 11년(651)에 고구려 보덕 화상(普德和尙)이 연개소문의 도교 장려로 인한 불교 박해를 피하기 위하여 백제에 들어와 창건하였다고 한다.

고려 때에는 태조 23년(940)에 도선 국사에 의한 중수가 있었고, 성종 연간에 여철 화상(如哲和尙)이 대웅전을 중건하고 충렬왕 24년(1298)에 다시 정암 화상(浮庵和尙)에 의해 중창되었다.

조선시대에는 태조 2년(1393)에 무학 대사에 의하여 중창되고 고종 13년(1876)에 중창되었으며 근년에 이르러는 1946년에 다시 중수되었다. 1979년 원융 스님이 독성각(獨聖閣), 계룡선원(鷄龍仙院), 종각, 요사채를 신축하고 청동 범종을 새로 주조하였으며 이때 대웅전과 영원전(靈源殿)도 중수되어 오늘에 이르고 있다.

신원사 가람은 앞뜰을 중심으로 북쪽 한가운데에 대웅전이 서 있고 오른쪽으로 영원전과 계룡선원을 두고 있다. 또 왼쪽으로는 종무소, 독성각을 배치하였으며 그 바깥쪽으로는 요사채가 자리잡고 있다. 절 마당에는 잔디를 심었으며 5층석탑과 석등 2기를 배치하였는데 모두 최근에 조성한 것이다.

현재의 신원사는 정유재란 때 소실된 뒤 옮겨온 것이라고 한다. 원래의 가람은 신원사 동편 중악단 아래쪽에 펼쳐진 밭으로 추정되는데 그곳에는 5층석탑이 남아 있어 더욱 이곳이 원래의 터일 가능성이 많음을 보여준다.

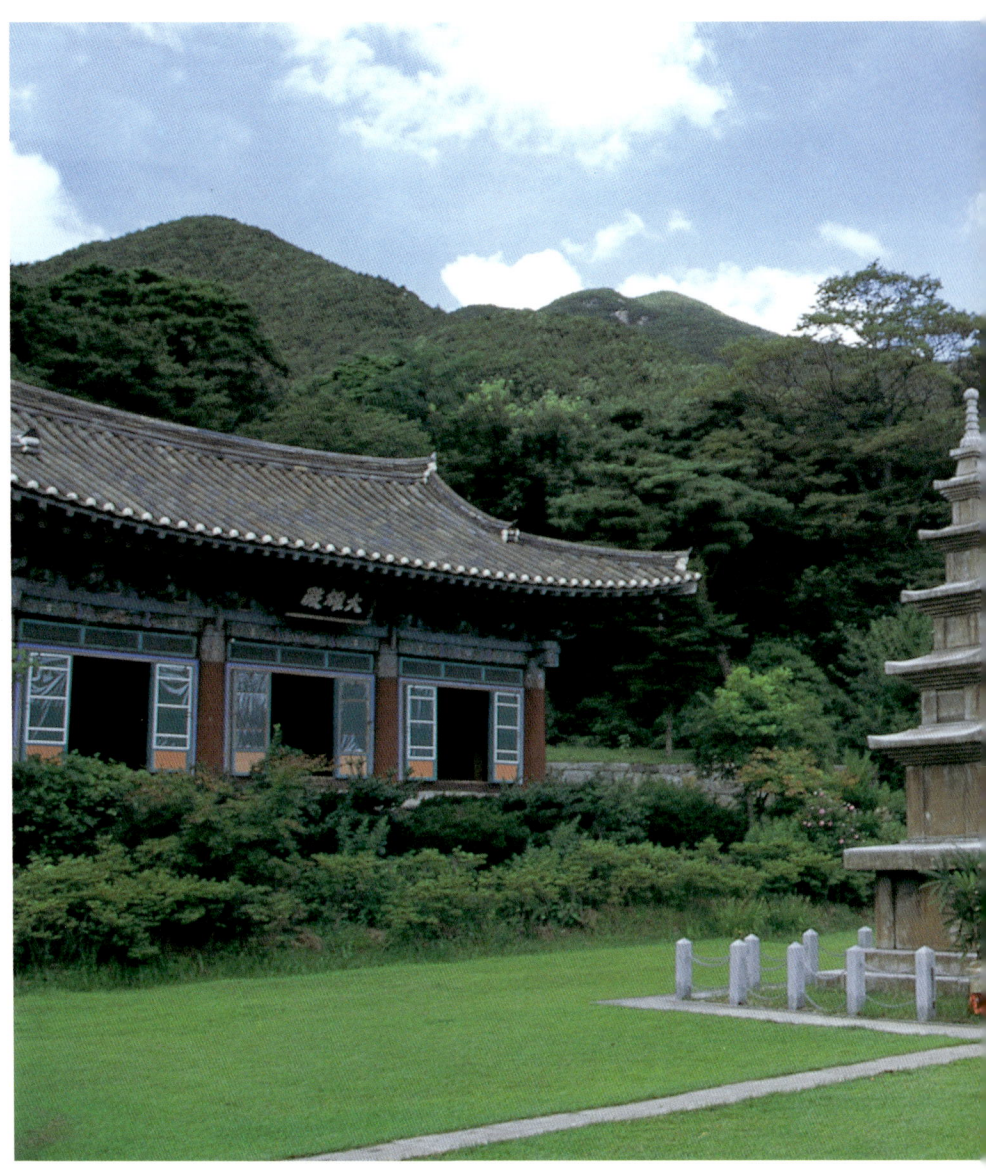

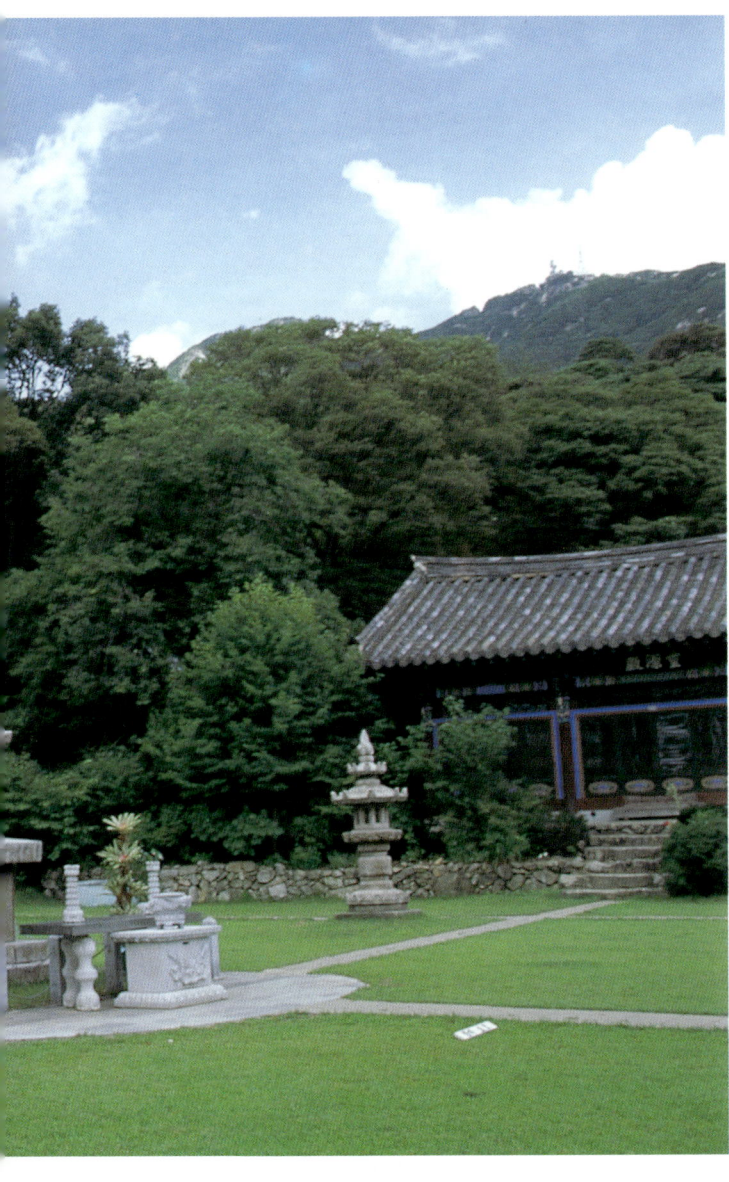

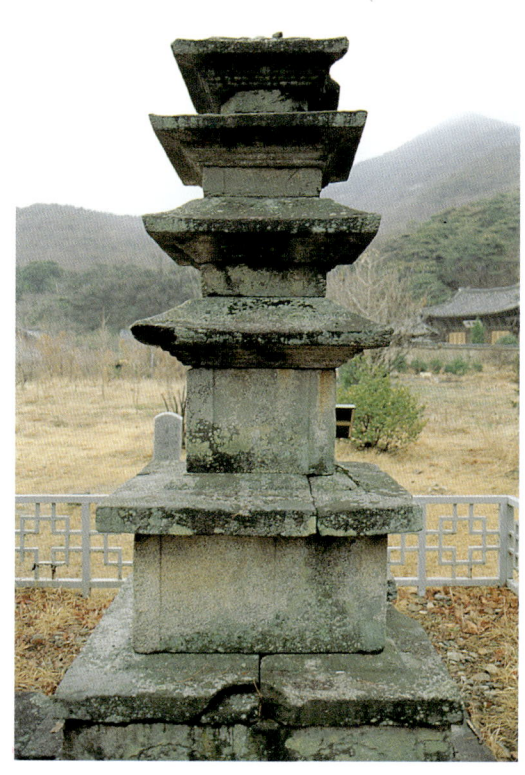

　　경내에는 중요 문화재로 대웅전과 중악단, 신원사 5층석탑이 충청남도 유형 문화재로 지정되어 보호를 받고 있다. 주변의 암자로는 고왕암, 등운암, 선광원, 소림원, 불이암(不二庵), 금룡암(金龍庵) 등이 있다. 현재 신원사는 조계종 제6교구 마곡사의 말사로 등록되어 있다. 신원(神院)이란 명칭은 바로 성스로운 곳(聖所) 혹은 제사처를 의미한다. 신원사 내에 계룡산에 대한 제사처인 계룡 신사(鷄龍神祠)가 고대 이래로 있었다는 것이 이를 증명해 준다. 지금은 계룡 신사가 중악단으로 그 이름이 바뀌었다.

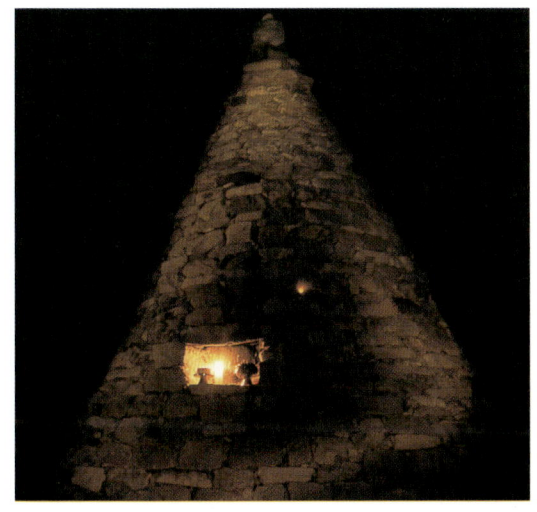

신원사에서 연천봉으로 가는 길목의 돌탑 주로 일반인들이 이곳에서 제물을 차려 놓고 촛불을 밝혀 치성을 드린다. 아직도 이러한 치성탑이 계룡산 곳곳에 산재해 있다.

고종이 대한제국의 수립과 함께 제위에 오르자, 그 이듬해인 1898년에 계룡 신사 중악단이 위치해 있는 계룡 신사의 격을 올려 '천자는 다섯 산을 봉한다'는 뜻에 따라 신원사를 고치고 중악단 건물을 새로 위엄 있게 건립하였다. 그리고 중악단이 위치해 있는 신원사(神院寺)를 새로운 제국의 신기원을 연다는 의미로 신원사(新元寺)로 개명하였다.

국가의 산신 제사처 중악단

중악단은 고대 이래 국가의 산신 제사처로 그 기능을 해왔던 곳이다. 특히 조선시대에는 국가적인 산신 제사를 모시는 곳으로 왕족에 의해 유지되어 왔다.

중악단의 역사는 조선 태조 이성계의 등극과 함께 시작되었다. 고려 말이성계가 전국의 오악을 다니면서 산신 기도를 했는데 그 가운데 하나가 계룡산으로, 기도 보필을 받았다 하여 단을 모셨다. 이성계는 전국의 오악을 다니면서 기도를 하였다. 그러한 오악 중에서 유일하게 남아 있는 것이 계룡산 중악단이다.

중악단은 중악전(中嶽殿), 계룡단(鷄龍壇) 등으로도 불렸으며 신원사 경내의 대웅전에서 동남방 50여 미터 되는 곳에 자리를 잡고 담장에 둘려 있다. 이 산신 제단은 조선 태조 3년(1394) 무학 대사에게 산신이 현몽하였는데 이를 안 태조가 창건을 명하고 처음 산신에게 제사를 올렸던 데서 시작되었다. 그 뒤 효종 2년(1651)에 폐지되었다가 고종 16년(1879)에 명성황후가 재건하여 다시 제사를 지내기 시작하였다.

중악단은 조선시대의 전형적인 산신 제단이다. 건물을 보면 위치상으로 신원사 경내에 있으면서도 그 배치가 절이나 서원과는 무관하게 되었다. 즉 왕실 기도 터인데다가 왕실 측근들이 다니는 관계로 궁궐형으로 중문, 안문 등을 달고 지붕 위에도 궁궐식으로 잡상을 그대로 달아 위세를 자랑하였다.

또한 건물이 남향하는 것은 통례인데 이와는 달리 서남향으로 되어 있다. 이는 중악단이 계룡산 신단이기 때문에 계룡산을 중심으로 방향을 잡은 결과에서 비롯된 것으로 여겨진다.

건물 입구는 둥근 기둥을 세운 솟을삼문으로 되어 있으며 대지 면적은 약 15평 정도이다. 정면 3칸, 측면 3칸으로 되어 있는 중악단 건물은 계룡산 산신을 모신 제단으로 다포 팔작집의 화려한 공포 구성을 통하여 건물의 위엄을 자랑하고 있다.

중악단 앞에는 비교적 큰 마당이 있고 이중으로 삼문이 설치되어 있다. 첫번째 삼문을 통과하면 행랑채 등 관리, 휴식용 건물이 갖추어져 있고 여기에서 다시 두 번째 삼문을 통과하여 마당을 거쳐 중악단 건물에 이르도록 되어 있다. 이러한 평면 배치는 마치 궁궐의 평면을 축소한 듯한 느낌을 주고 있으며 그러한 특징은 건물의 장식에서도 곳곳에 나타나고 있다.

또한 처마, 공포, 담장의 치장 등이 매우 정제되어 궁궐 건축의 의장처럼 우아하면서도 장중한 위용을 간직하고 있어 조선 왕실의 제단이었음을

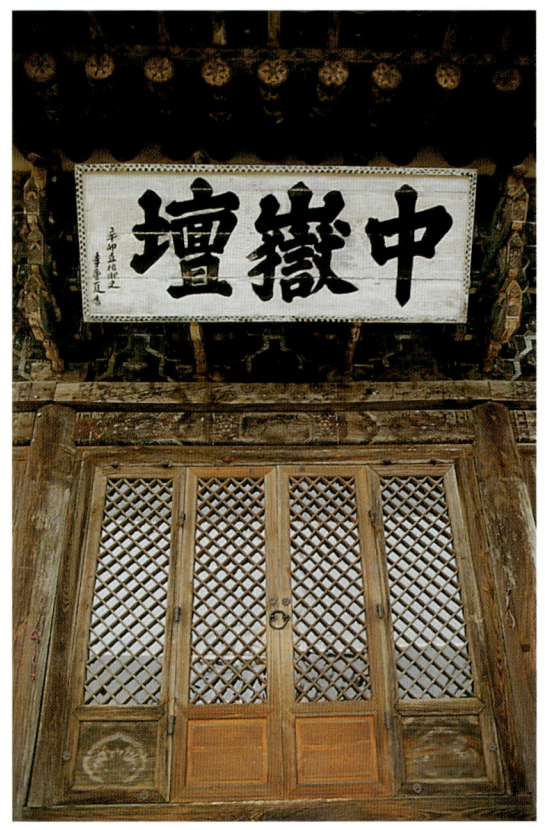

중악단 조선시대의 전형적인 산신 제단인 중악단은 신원사 경내에 있으면서도 그 배치가 절이나 서원과는 무관한 하나의 독립적인 성소의 성격을 나타내고 있다.

십분 짐작하게 한다. 이와 같은 형식은 하나의 독립적인 성소의 성격을 건물에 나타낸 것이며 계룡산신에 대한 국가적 제사처로서 중악단의 위치를 분명히 나타내 준 것이라 할 수 있다. 그렇기 때문에 일반 사람은 감히 들어가지 못했던 곳이기도 하다. 현재 중악단은 이중문을 통하여 들어가면 넓은 마당과 독채 건물로 자리잡고 있는데 퇴색된 고풍스런 건물이 운치를 더해 준다. 단 가운데는 산신도를 모셨는데 호랑이의 모습이 지극히 해학적이다. 이전에는 위패가 모셔져 있었다 한다.

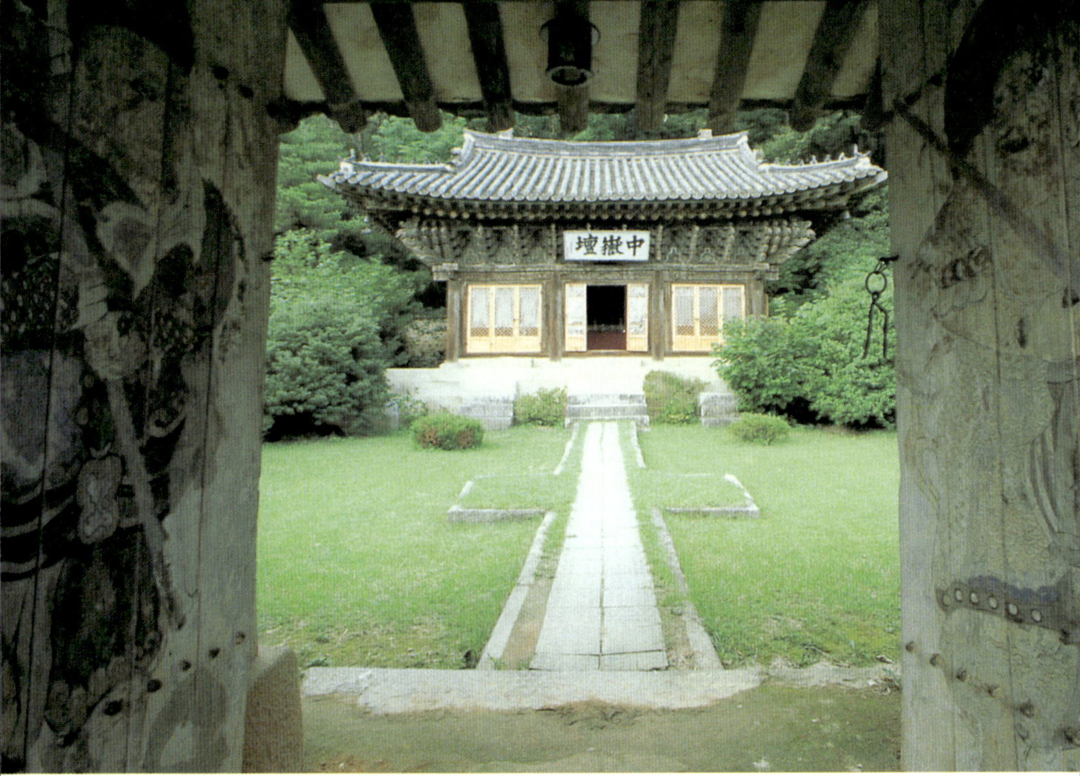

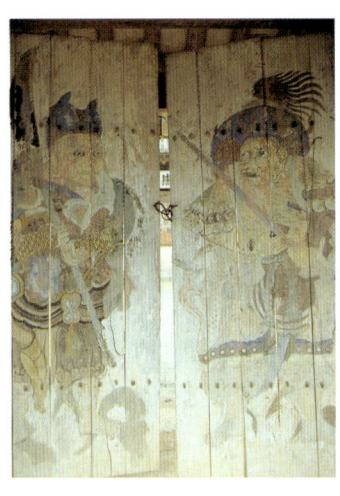

대문을 열고 본 중악단 전경 다포 팔작집의 화려한 공포 구성을 통하여 건물의 위엄을 자랑하고 있으며 궁궐형으로 중문, 안문을 달고 지붕 위에도 궁궐식으로 잡상을 그대로 달았다.(위)

수문장 수문장이 지키는 이중 삼문을 지나야 중악단에 들어갈 수 있다.(왼쪽)

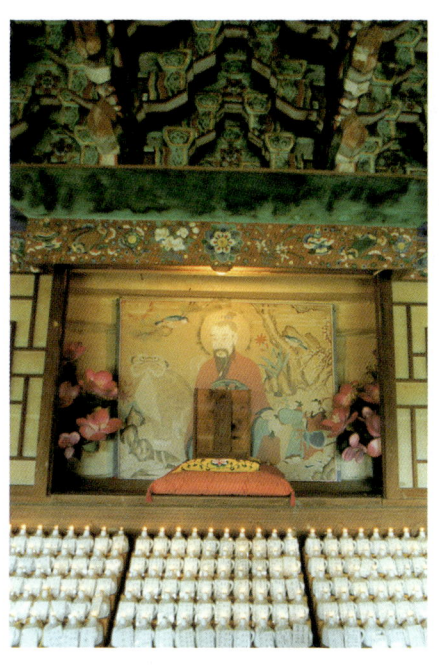

중악단 내부 단 가운데에 산신도를 모셨는데 호랑이 모습이 지극히 해학적이다. 이전에는 위패가 있었다고 한다.(왼쪽)

뒤편 담장 처마, 공포, 담장의 치장 등이 매우 정제되어 궁궐 건축의 의장처럼 우아하면서도 장중한 위용을 간직하고 있어 조선 왕실의 제단이었음을 짐작하게 한다.(아래)

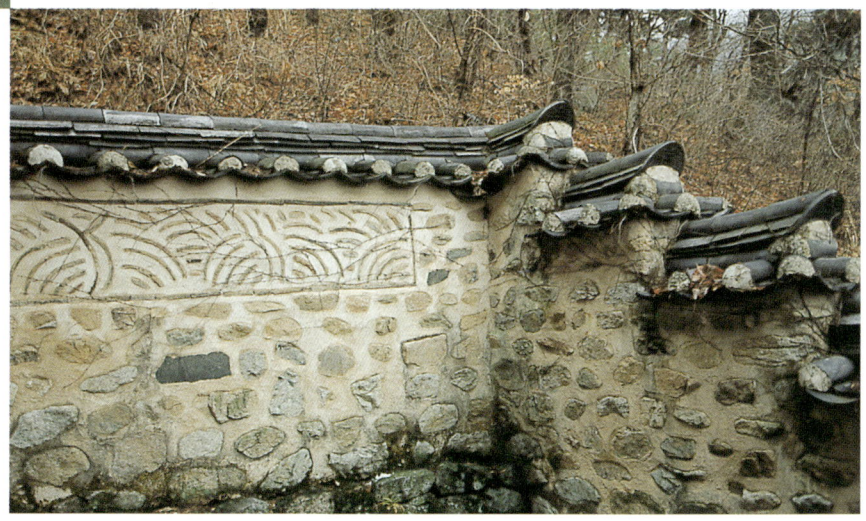

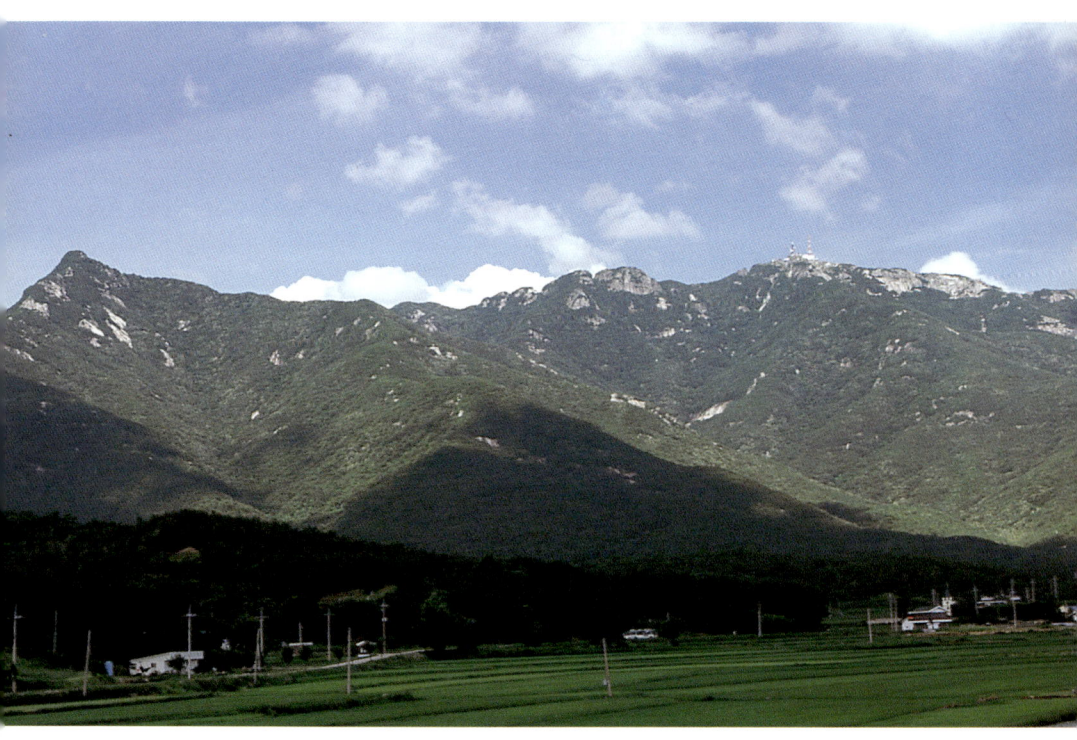

신원사 쪽에서 바라본 계룡산 유·불·선 삼교가 결합된 민간 신앙의 성지인 계룡산의 아늑한 모습을 보여 준다.

　천장은 온갖 선녀도와 신선도로 단청 채색하였으며 담벽에도 장식 그림을 그렸다. 중문과 안문의 삼문에도 수문신을 그렸는데 솜씨가 탁월하다. 지금의 중악단은 예전에 왕실에 의해 제사지내진 것과는 달리 보통 절의 산신각처럼 일반 신도들에 의해 모셔진다.

　신원사는 조실과 독성, 산신을 모신 집이 있으며 별도로 산신을 모신 중악단이 존재하는 특이한 절이라 할 수 있다. 지금도 조석으로 예불을 드리며 봄, 가을 즉 3월 16일과 10월 16일에 크게 산신제를 올린다. 이때는 일체 고기를 쓰지 않고 예전 법도 대로 올린다. 신원사의 특징은 예불의 우선 순

위에서 이곳 중악단으로부터 시작한다는 점이다. 이는 절내의 산신각이나 칠성각처럼 불교와 무속 즉 무불(巫佛)의 습합 과정을 보여 주는 좋은 예가 된다.

개태사

개태사는 신도안에서 연산 쪽으로 가다보면 왼쪽의 천호산 자락에 위치하였다. 계룡산의 최남단 지역으로 산의 말단에 있는 저지대를 경계로 하고 있어 외견상으로는 계룡산 권역에서 벗어난 느낌을 준다. 행정 구역 상으로 논산군 연산면 천호리에 속하는 개태사에는 최근에 조영된 새로운 사찰과 여기서 동북으로 300여 미터 떨어진 거리에 천여 평의 옛 절터가 있다.

개태사는 936년인 고려 태조 19년에 공사가 시작되어 4년 뒤인 940년에 완공되었다. 무엇 때문에 태조 왕건은 계룡산의 끝자락인 천호산에 이 개태사를 세운 것일까. 그는 후백제를 물리쳐 삼국을 통일할 수 있었던 것은 바로 부처와 산신의 도움이라고 생각하였다. 즉 후삼국의 통일이 부처님과 산신의 도움으로 성취한 만큼 이후로도 부처님의 위력으로 이 지역을 잘 부지케 해달라는 뜻에서 개태사를 지었던 것이다.

한편으로는 후삼국을 통일한 고려 태조가 후백제의 지역인 이 지역에 대사찰을 세워 왕실의 위엄을 보임으로써 이 지역의 통치에 효율을 기하고자 한 것이었다. 그러나 개태사는 조선으로 넘어오면서 사찰로서의 기능을 상실하고 후기에 들어와서는 완전히 폐허가 된다. 단지 몇 점의 유물만이 당시의 화려했던 영화를 보여 줄 뿐이다. 지금은 새로 전각을 조영하여 옛 정취를 찾아볼 수 없지만 삼존석불과 대형 가마솥 등이 옛 영화를 되새기게 해준다.

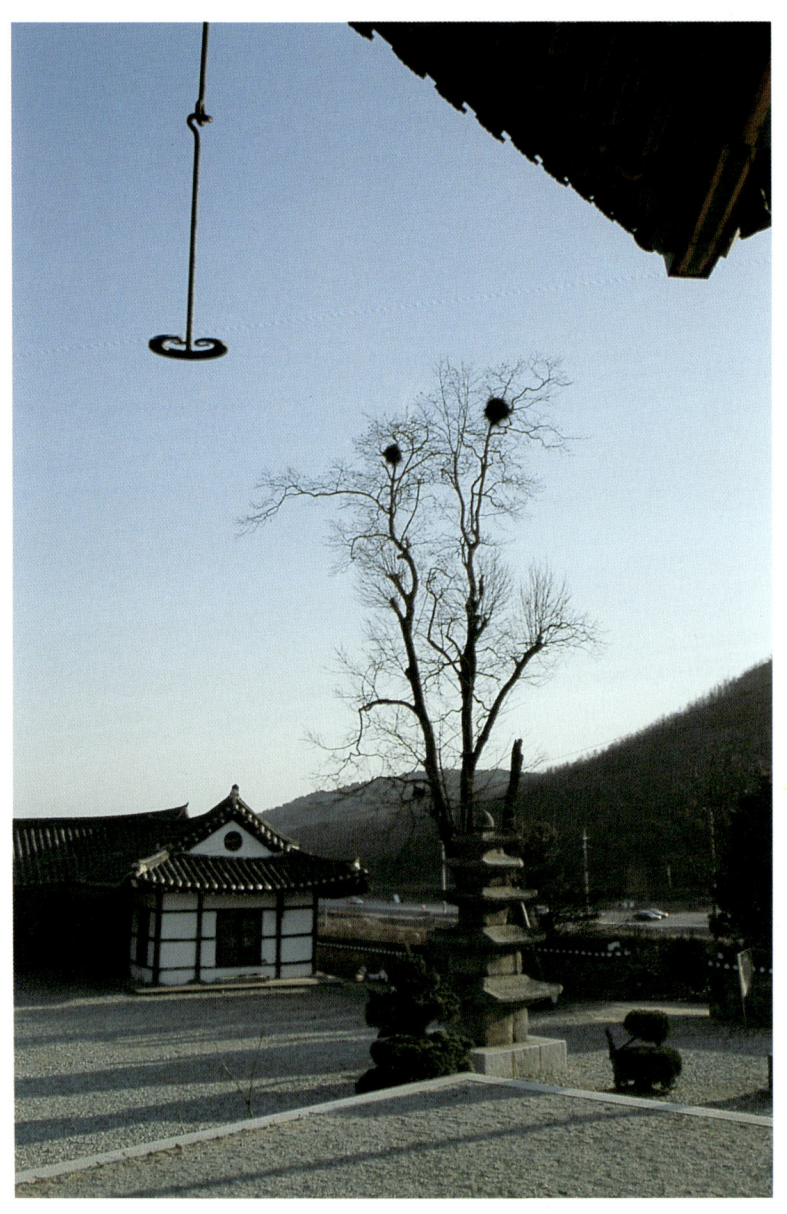

개태사 전경 후삼국을 통일한 고려 태조 왕건이 부처님의 위력으로 옛 후백제 지역의 통치를 원활히 하고자 개태사를 지었다고 한다.

동양 최대의 가마솥

현재의 개태사는 몇 채의 전각만이 덩그러니 자리를 차지하고 있어 절 맛이란 도저히 느낄 수 없는 곳이다. 그러나 국도변에 바로 가까이 자리잡고 있고 동양 최대의 가마솥과 전설을 간직한 삼존불상이 안치되어 있어 관광객들의 발길이 줄을 잇는다.

개태사가 한창 번창했을 때는 스님들이 수천 명에 이르렀고 규모가 웅장하여 전각들이 하나의 마을을 이루었다고 전한다. 경내에 보존된 가마솥만 보아도 당시 절의 규모가 얼마나 컸었던가를 가히 짐작할 수 있다. 지름 3미터, 높이 1미터, 둘레가 9.5미터로 아마 동양에서 제일 큰 솥이 아닌가 여겨진다. 이 솥은 창건 당시 제작된 것으로 스님들의 식사를 마련할 때 밥이나 죽 또는 국을 끓여 주기 위해 만들었던 것이다. 이 거대한 가마솥은 충청남도 지정 민속자료 1호로 지정되었다.

이 가마솥에는 여러 가지 사연들이 전하는데 특히 신비한 영험을 나타내는 내용으로 더욱 유명하다. 1935년 일본인이 이 솥을 반출하러 부산까지 운반했는데 3일 동안 가마솥에서 주야로 원성이 울려 나왔다 한다. 화물선에 실으려는데 갑자기 사방에서 검은 비구름이 모여들고 뇌성이 천지를 진동하여 포기하였다고 한다.

그해 4월 물산공진회에서 주최하는 경성산업 전람회에 출품 전시되었다가 서울박물관에 보관하게 되었다. 그해 여름에는 전국에 극심한 가뭄이 들어 초목과 농작물이 말라 죽고 있었다. 당시 주민들은 개태사 솥을 다른 곳으로 옮겼기 때문이라고 믿었고 그래서 여러 차례 진정 끝에 솥을 돌려 받았다. 일제 말기에는 고철로 쓰기 위해 깨려다가 갑자기 천지가 진동하고 폭우가 내려 혼비백산하였다는 이야기도 전한다. 또 다음과 같은 이야기도 있다.

고려 태조 왕건은 삼국 통일을 이룬 공훈이 부처님의 보살핌에 있다

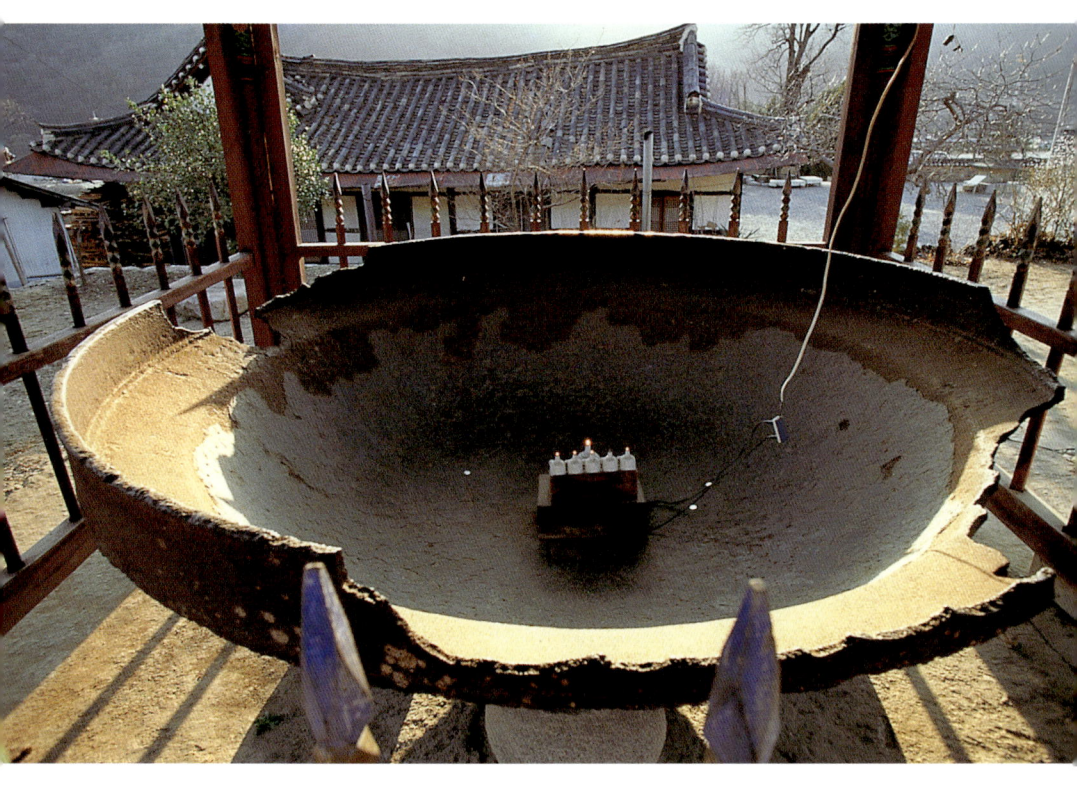

동양 최대의 개태사 가마솥 창건 당시에 제작된 이 솥은 스님들의 식사를 마련할 때 밥이나 죽 또는 국을 끓여 주기 위해 만들었던 것이다. 현재 충청남도 민속자료 1호로 지정되어 있다.

고 여겨 개태사에서 고려의 융성과 안녕을 기원하고 국가의 안태를 기원하였다.

그러던 어느 해의 일이다. 대도 견성한 스님이 개태사를 찾아와 "얼마 후 대홍수가 나서 본당의 부처님 상이 위험할 것이니 이 가마솥으로 본당에 이르는 물길을 막으면 불상은 안전할 것이다" 하며 떠나갔다. 이 말을 들은 스님들은 반신반의했지만 워낙 큰스님의 말씀인지라 그 말씀을 따라 가마솥으로 본당의 물길을 막게 했다. 과연 홍수가 크게 났는데 불상은 안전하게 되었지만 가마솥은 떠내려가 지금의 연산면 고양리 다리 근처에 묻히게 되었다. 이렇게 천여 년 동안 땅속에 묻혀 방치되어 있다가 일제시대에 연산 연사리 공원에 옮겨 놓았다가 1981년 8월 22일 다시 개태사 경내로 옮겼다고 한다.

이 부근 사람들이 죽어서 염라대왕한테 가면 "네가 연산의 가마솥과 은진미륵과 강경의 미내다리를 보았느냐"고 물어 본다 하여 여기 사람들은 이 세 곳을 꼭 구경해야만 천당에 간다고 믿기도 한다.

삼존석불

개태사 경내에는 고려 초기에 화강암으로 조성한 석불 3구가 나란히 남쪽을 보고 서 있다. 오른쪽 불상을 제외한 본존불과 좌측의 불상은 파괴되었으나 이후 정비 및 복원되어 지금의 완전한 상태를 이룬 것이라 한다. 미륵삼존불 가운데 2구는 집단 매몰된 뒤 수백 년의 세월이 흘러오다가 1930년에 논산군 두마면 천호리에 거주하는 김광영 보살이 관음보살의 현몽 계시에 의해 파묻힌 불상 2구를 발굴, 복원하고 당우 100여 칸을 지어 옛 개태사의 맥을 이어왔다고 한다.

1986년 10월 충남대학교 박물관장이었던 윤무병 박사의 미륵삼존불 주변 발굴 조사 결과에 의해 창건 당시 법당의 주초석 등이 거의 완전하게

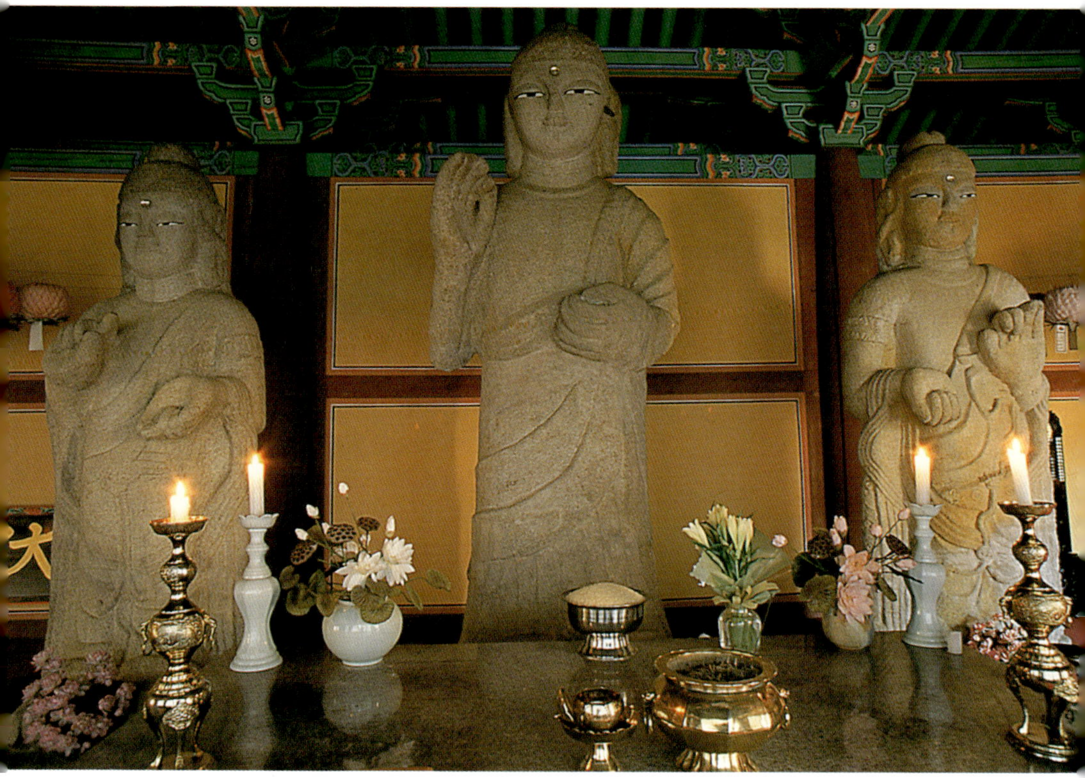

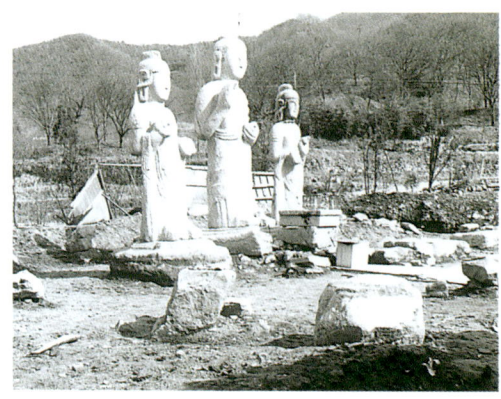

삼존석불 개태사 법당 안에
는 고려 초기에 화강암으로
조성한 석불 3구가 나란히
남쪽을 보고 서 있다. 이 가
운데 본존불의 얼굴은 둥근
형상으로 입가에 약간 고졸
한 미소를 머금고 있다.(위)

**법당에 안치되기 이전에 남
향으로 서 있는 삼존석불**
(왼쪽)

남아 있는 것이 밝혀져 학계의 비상한 관심을 모았다.

1987년 12월 20일, 수백 년 동안 묻혀 파괴되어 없어졌던 것으로 알았던 좌협시불의 불두가 삼존불 서북방 30미터 지점에서 배수로 확장 공사 도중에 발견되었다. 이들 삼존석불은 1988년 12월 27일 문화재연구소 보존과학실팀에 의해서 완전 복원되었다. 현재 이들 불상은 보물 제219호로 지정, 보호되고 있다.

본존불은 230센티미터 너비의 연꽃 장식 대좌 위에 높이 451센티미터 규모의 비교적 대형인데 머리 크기는 102센티미터이고 어깨 너비는 116센티미터 그리고 얼굴의 길이는 52센티미터로 비교적 큰 상에 속한다.

본존불의 얼굴은 둥근 형상으로 입가에 약간 고졸한 미소를 머금고 있는데 양볼이 두툼하며 눈은 반쯤 뜬 상태로 표현하였다. 코는 작고 짧게 표현하고 있는데 인중은 두드러진 형태이며 특히 얼굴의 백호를 뚜렷하게 나타냈다. 귀는 어깨 부분까지 길게 내려왔다. 좌우 협시불의 크기는 본존불보다 10 내지 20센티미터 정도 작으나 손 모양만 다를 뿐 전체적인 모습은 본존불과 비슷하다.

계룡산의 어제와 오늘

신도안은 불과 10여 년 전만 해도 950여 세대의 가구에 5천여 명의 인구가 살던 곳이었다. 유동 인구까지 치면 족히 만여 명은 되었다 한다. 여기에 각종 신흥 종교 단체 50여 개가 난립하여 마치 종교박물관을 연상케 하였던 곳이다. 그러나 지금 이곳은 옛모습이란 하나도 찾아볼 수 없고 삭막한 콘크리트의 군막사와 아파트로 가득 메워져 볼썽사나울 뿐이다.

신도안은 농토 대부분이 모래와 자갈뿐인 박토인데도 불구하고 인구는 초만원이어서 식량을 외부에서 구입해 오지 않으면 안 되었다. 「한국일보」1965년 4월 7일자 '실화 계룡산'은 당시 신도안을 이렇게 기술하였다.

메마른 밭, 천수답 논 거의가 여름 한철 한 주일에 비가 와줘야 농사를 지어 먹는 땅이다. 그런데 물줄기를 대는 계룡산 산줄기가 온통 숲이 없는 까닭이며, 계룡산 계곡 암용추와 수용추에서 내려오는 개울이 장마 뒤 사흘이 못되어 도로 바닥이 나고 만다. 그러나 동서북을 가로막는 북상한 비구름이, 해발 825미터의 계룡산이 이들의 농사를 도와주는 유일한 보조자이다. 논산 평야에서 북상한 비구름이 준령에 부딪쳐 비를 뿌려 준다는 것이다. 밭에서 골라낸 돌이 밭 한가운데 수북이 무덤처럼 쌓여 있고 농가는 돌담장 속에 묻혀 있다. 자갈을 뒤적거리며 농사를 짓는 것이 농부들의 일과다. 계룡산은 경사가 40~50도가 넘는 산등이서 꼭대기까지 계단식으로 개간되었다. 산악 지대의 농토쳐놓고 땅값이 너무 비싸다. 수답이 평당 250원~300원, 이는 농토에 비해 인구가 너무 많기 때문이다. 그리고 호당 경지 면적은 4단보밖에 되지 않았으며(우리나라 농가 평균 9단보임), 8~9천 평을 가진 중농이라곤 대여섯 가구뿐이다. 신도안에서는 잡곡을 섞지 않은 쌀밥을 먹는 집이면 일등 부자이다. 3분의 1의 주민이 농토가 전혀 없는 품팔이꾼이다. 이곳 논밭으로는 1년 양식의 7할밖에 못 댄다고 하였다. 신도안에는 음식점 2개소, 이발소 3개소, 미장원 1개소, 물론 여관도 없었다.

이렇게 농토도 척박하고 좁아 살기 어려운데 많은 사람들이 이곳으로 몰려들게 된 까닭은 어디에 있는가? 신도안에 사람이 살기 시작한 것은 조선 말엽으로 전해지고 있다. 그때에도 산기슭에는 더러 인가가 있었다고 한다. 1918년에도 『정감록』을 믿고 100여 세대 800명이 신도안으로 이주해 왔다.

그 뒤 3.1운동이 일어난 기미년에 동학의 2대 교주 최시형의 수제자 가운데 한 사람인 김연국은 천도교 교주 손병희와는 달리 시천교(侍天敎) 교도 수백 호를 이끌고 서울에 있던 교단의 본부를 신도안으로 옮겼다. 김연국이 이곳에 자리를 잡자 갑자년(1924)에 희소식이 오리라는 동학 교주 최수운의 예언까지 가미하여 신도안은 그야말로 지상 천국을 건설한다는 상제교의 신앙촌이 되어 버렸다. 전주민의 8할이 상제교도였다. 교세도 커져 성일이 되면 전국에서 수천 명이 교본부에 참배하러 왔다. 대전역에서는 그럴 때마다 두계역까지 임시 열차를 운행하였다고 한다.

신도안에는 꾸준히 이주민이 늘어났는데 갑오년(1894) 동학혁명 이후 환갑을 맞으면 새 세상이 된다는 설 때문에 더 많은 사람들이 몰려들기 시작하였다. 농촌에서는 유혹이 더 커 갑오년이 가까워질수록 신도안은 이 삿짐으로 신작로를 가득 메웠다 한다. 이때부터 계룡산에 새 세상이 이루 어진다는 말이 널리 퍼져 마음을 빼앗긴 농민들이 각지에서 전답을 팔고 고향을 버리고 이곳으로 몰려왔다. 그들 대부분은 황해도와 평안도 사람 들이었다. 이리하여 1924년 불모의 한촌 신도안은 호수 5백에 인구 7천, 학 교와 시장이 들어선 신흥 마을로 급변하였다.(「한국일보」, 1965. 4. 16. '실화 계룡산' 참조)

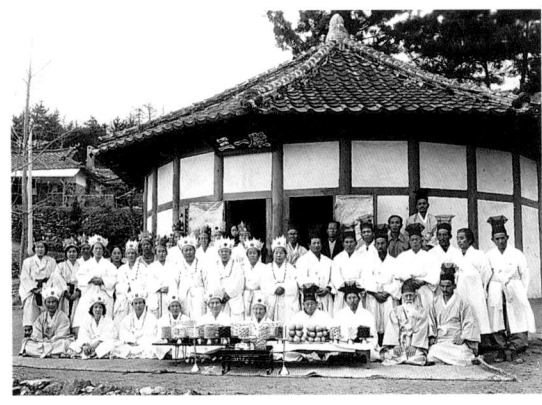

유·불·선 3교의 합일 세계를 용화세계로 본 삼일교 신도들의 국왕 신 제사(1975. 3. 1. 「계 룡산지」, 사진 이광삼)

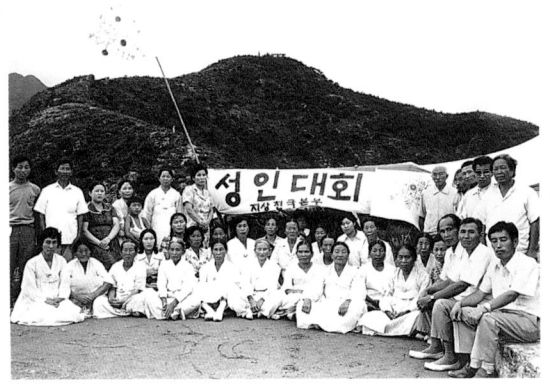

620사업 철거 이전 신 도안 지상천국 교인들 의 기념 촬영(사진 이 광삼)

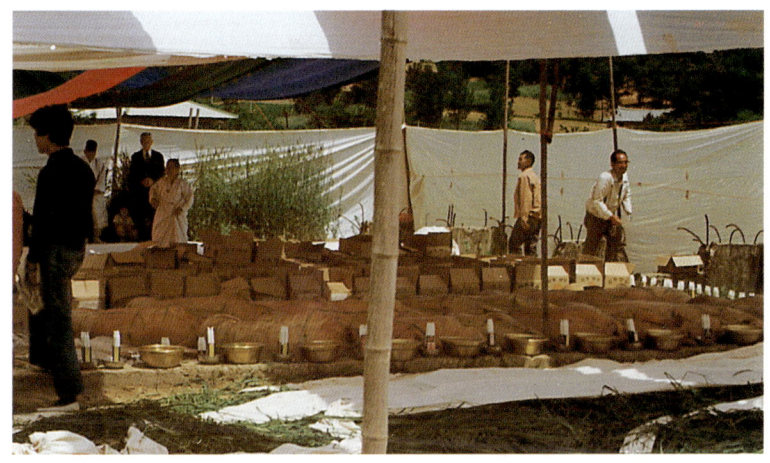

계룡산 떡보살의 제물 수십 개의 떡시루를 통해 당시 계룡산 신도안 내의 신흥 종교가 어떠했는지를 알 수 있다.(사진 이광삼)

황해도, 평안도 사람들이 처음에 이곳에 많이 온 것은 『정감록』의 "황해도와 평안도 양서 지방은 3년 동안 천리에 인적이 없을 것이다"라는 구절 때문이다.

그러나 새 세상을 믿고 몰려온 이주민들은 한두 해 지나는 동안 거덜나 버렸다. 황해도, 평안도의 토호들은 가지고 온 재산은 많았으나 일부 교에 바치고 가산을 탕진하게 되었으며 교도들도 계룡산을 떠나는 수가 늘었다. 대궐터엔 황해도 사람들이 많이 살았는데 더 이상 이곳에서 살기가 어렵다고 저녁마다 봇짐을 싸고 나갔다 한다. 이렇게 가산을 탕진하고 이곳을 떠나는 것을 신도안 사람들은 "곱배차(화물차)로 이삿짐 갖고 와서 나갈 때는 담뱃짐만 갖고 나간다", "싣고 지고 온 것이 바가지만 차고 나간다"고 표현하였다.

신도안의 최전성기는 1950년대 초반 동학혁명이 환갑이 되는 갑오년 무렵으로 추정된다. 이 시기에는 세계일가공회, 천진교 등 200여 개가 넘는 교단이 이곳을 무대로 활동했었다 한다.

정감록의 예언을 믿고, 온갖 영험이 있다는 소문을 듣고 속속 이곳으로 들어와 기도와 치성을 드리며 구세주 정도령의 강림을 기다리던 신도내 사람들은 터전을 마련하여 눌러앉거나 아니면 생활이 어려워 이곳을 떠나는 등 이합집산을 거듭하였다. 이처럼 이합집산 속에서도 번창 일로에 있던 계룡산 일대의 신흥 종교와 무속은 1970년대 중반과 1980년대 초반 두 차례에 걸쳐 정화 대상지로 묶여 일대 수난을 겪게 된다.

1975년 새마을 운동은 계룡산 일대에도 엄청난 영향을 몰고 왔다. 미신 타파라는 미명 아래 계룡산 곳곳에 설치한 제단과 각종 암자, 치성터 등이 허물어지고 철거당했다. 100여 개에 이르던 종교 집단의 교주가 산림법 위반, 사기, 식품위생법 위반 혐의로 구속, 검거되기도 하였다.

1975년도에 한차례 정화 대상이 되었던 계룡산 내 신흥 종교 및 신도내 는 그 뒤 1983년 8월부터 1984년 6월 30일까지 실시된 이른바 620사업에 의해 다시 철거되었다. 사업의 내용과 규모, 목적 등이 전혀 밝혀지지 않은 채 숱한 억측과 소문, 유언비어 속에서 삼군 본부 이전이라는 대사업이 극비리에 추진되었다. 신들의 꽃밭이었던 신도안의 수많은 종파들은 620사업으로 하루 아침에 신도안에서 밀려났다. 그 결과 1천 80세대 가운데 427세대가 대전으로, 373세대는 인근 논산·공주 반포면·계룡면 등으로 이사하는 등 모두 신도안을 떠났다.

이로써 600여 년이란 오랜 시간 동안 풍수 도참설과 정감록 신앙의 전설이 담겨지고, 수많은 종교의 집산지를 이루었던 신도안은 역사의 장으로 묻혀 버렸다.

드라이브 코스와 등산로

드라이브 코스

계룡산은 서울에서도 그리 멀지 않은 남한의 중간 위치에 있어 많은 관광객들이 끊이질 않는다. 특히 계룡산은 여느 산과는 달리 산세가 동서남북으로 확연하게 구분되어 있어 어느 곳에서도 조망이 가능하며 그 모습 또한 각기 색다른 맛을 보여 준다.

또한 계룡산을 중심으로 유성-공주-연산-두마(신도안)-학봉리를 잇는 도로가 나 있어 드라이브 코스로도 가히 환상적이라 할 수 있다. 계룡산은 자동차로 일주하면서 4면의 산세와 경관을 감상할 수 있으며 4면이 각기 독특한 자태를 가지고 있어 새로운 맛을 느낄 수 있다. 또한 계곡마다 명가람과 전설이 숨쉬고 돌과 물이 어우러진 자연 경관이 좋아 나들이나 등산에도 안성맞춤이다.

계룡산은 충남 제1의 명산으로 고대 이래 산악 신앙, 불교 문화의 성지로 그 전통을 이어 왔다. 여기에 풍수지리설, 도참 신앙과 같은 참위설이 연결되면서 계룡산은 독특한 문화적 특성으로 그야말로 '신비의 산'이란 이미지를 구축해 왔다.

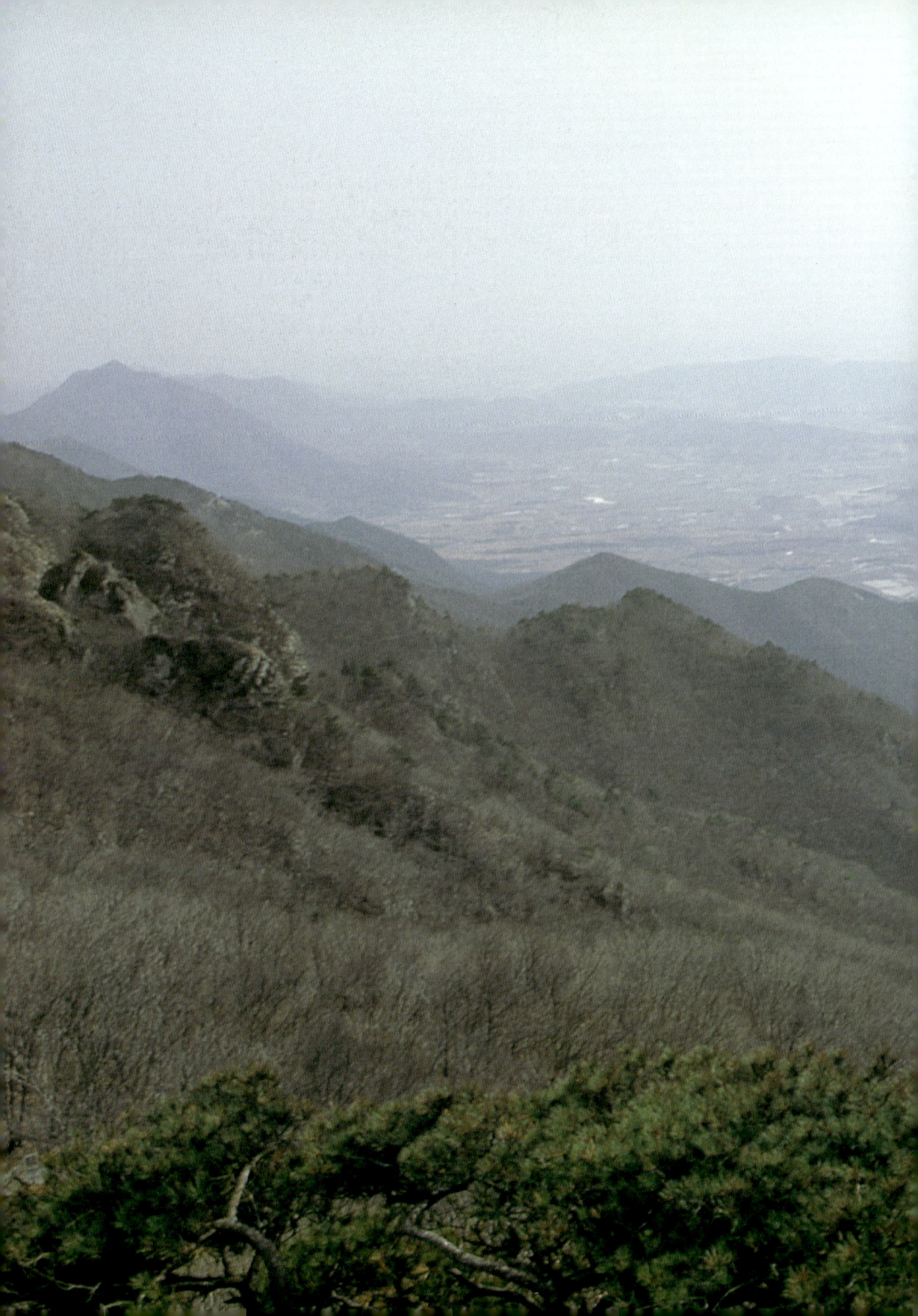

연천봉에서 바라본 연산뜰

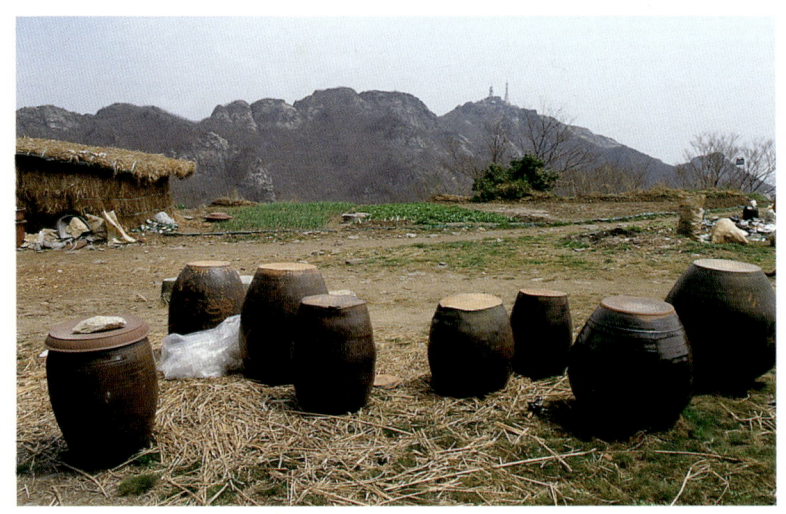

  그리고 그것은 단순히 관념적인 차원에서 머물지 않고 실제로 조선 초기 태조가 국도로 정해 신도 건설 공사가 이루어지기도 하였다. 그런가 하면 거기에 『정감록』 신앙이 보태져 향후 미래 세계와 정세까지 연결 짓는 예언적 부분까지 결합되어 오랫동안 세간의 이목이 집중된 곳이었기에 문화적, 역사적 관광 코스로도 더없이 좋은 곳이라 할 수 있다.

  먼저 승용차를 이용한 드라이브 코스를 살펴보기로 하자. 유성 인터체인지를 빠져 나와 유성에서 공주 쪽으로 왕복 4차선도인 국도 32번 도로를 따라 약 3킬로미터 정도 가면 우측으로 잘 꾸며진 대전 국립묘지가 나온다. 여기서 계속 달려 고개를 하나 넘으면 동학사 입구인 마암리 삼거리가 나온다. 바로 가면 공주가 되지만 왼쪽으로 방향을 돌려 양쪽에 잘 다듬어진 가로수를 따라 오른쪽에 병풍처럼 솟아 있는 장군바위를 바라보면서 3킬로미터 정도 가다 보면 동학사로 가는 길과 왼쪽으로 계룡대가 있는 신도안으로 넘어가는 삼거리, 학봉초등학교가 나온다. 여기서 직진하여 동학사로 들어가 돌아본 다음 되돌아 나와 다시 공주 쪽으로 향한다.

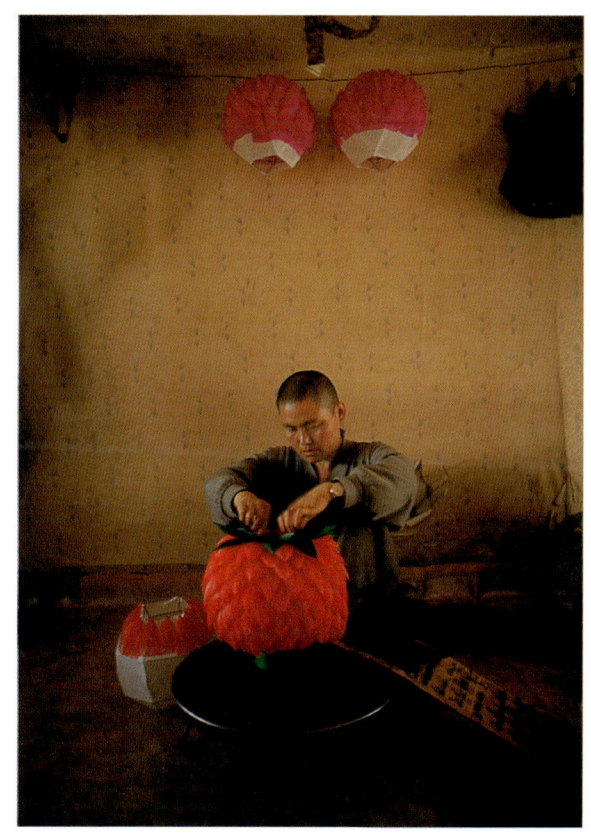

등운암에서 연등에 불심을 담고 있는 혜각 스님(위)

연천봉 등운암 마당과 천왕봉 대원군 집정 때 명성황후가 비밀리 연천봉 등운암의 옛터에
압정사(壓鄭寺)를 세워 정씨의 왕기를 누르는 기원소로 삼았다고 한다.(옆면)

시간이 허락되면 온천리 삼거리에서 공주 쪽으로 가다 공암리에서 왼쪽으로 시멘트로 포장된 농로를 따라 계곡으로 올라가면 상하신리 입구에 장승과 짐대를 볼 수 있다. 다시 마을 안으로 들어가면 계룡산의 4대 사찰 가운데 하나였던 구룡사지가 나온다.

구룡사의 옛 영화를 더듬고 다시 들어온 농로를 따라 나와 32번 국도를 타고 공주 쪽 금강변을 끼고 가다 보면 큰 고개가 나오는데, 이 고개를 말티고개라 한다. 효자의 전설이 담긴 말티고개를 힘겹게 넘어 평지를 타고 얼마 안 가면 마임리가 나온다. 여기서 왼쪽으로 4번 국도를 타고 내흥리-구왕리-중장리를 지나면 갑사 입구가 나온다.

갑사에는 보물 제256호인 통일신라시대 철당간 및 지주가 있고 고려시대 부도가 보물 제257호로 지정, 보호되고 있다. 또 대웅전 입구 종각에 있는 보물 제478호의 동종 등 보물급 문화재를 비롯하여 많은 지방 문화재가 산재해 있다. 갑사 계곡은 이른바 갑사 구곡(九曲)이라 일컫는 곡지 지형이 발달해 있다. 이는 갑사의 동구와 더불어 계곡 상류 쪽으로 5킬로미터 정도 영역에 걸쳐 발달하고 있는데 녹음이 짙은 7, 8월 우기에는 가히 천하 명승지라 할 만하다. 갑사 구곡 중 1곡에 속하는 용이 놀았다는 용유소(龍游沼)는 군자대라고 하는데 조선 효종 때 대유학자 우암 송시열 선생이 어렸을 때 이곳에 들어와 공부하다가 하도 계곡이 좋아 성인이 놀 만한 계곡이라 하여 군자대라 이름짓고 손수 바위에 새겼다고 한다. 제6곡인 명월담(明月潭)은 여름날에 달이 청명할 때 못에 달이 영롱하게 비친다는 곳으로 유명하다.

갑사와 계곡을 둘러보고 다시 돌아 나와 하대리를 거쳐 계룡면 양화리에 다다르면 주차장에서 신원사까지는 걸어서 불과 5분여밖에 걸리지 않는다. 신원사는 계룡산의 여러 사찰 가운데 가장 손때가 덜 묻은 고색 창연한 절로 계룡산 신께 제사를 올리던 중악단이 있는 곳으로도 유명하다.

신원사를 빠져 나와 경천리-양화리-석중리-어은리를 잇는 697번 도

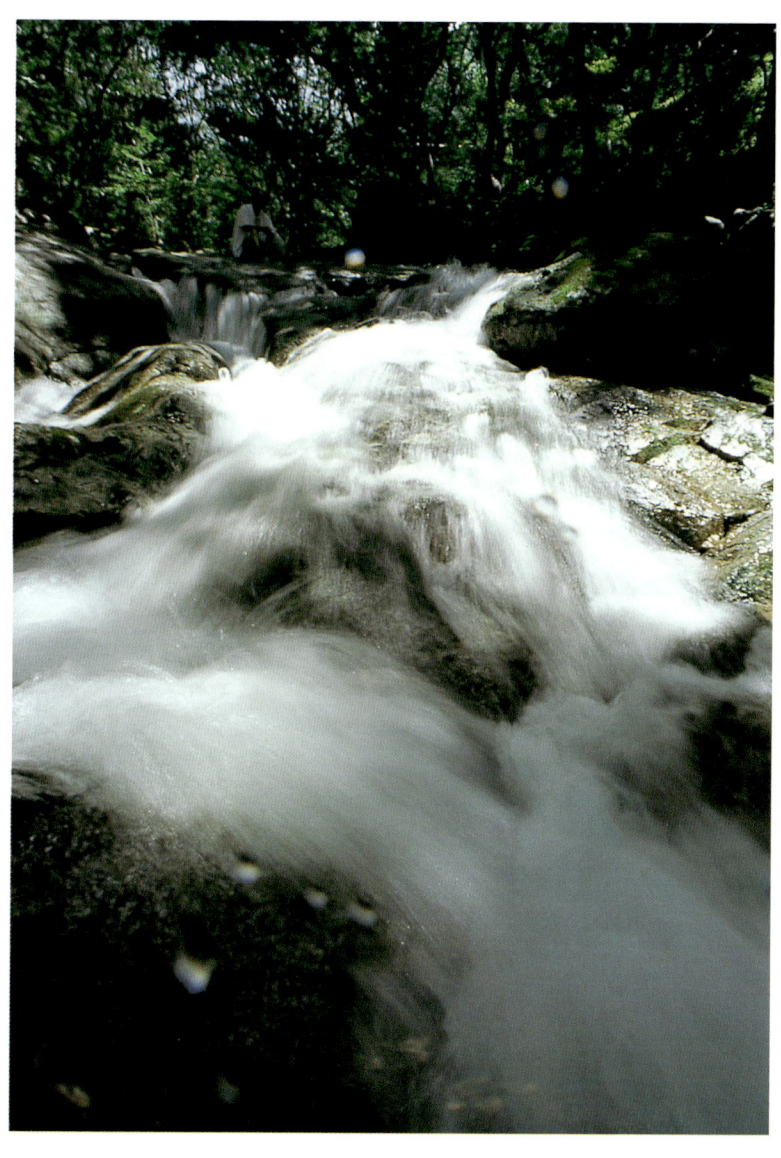

갑사 계곡　갑사의 동구와 더불어 계곡 상류 쪽으로 5킬로미터에 걸쳐 갑사 구곡(九曲)이
발달해 있는 데 녹음이 짙은 7, 8월 우기에는 가히 천하 명승지라 할 만하다.

계룡산 등산로

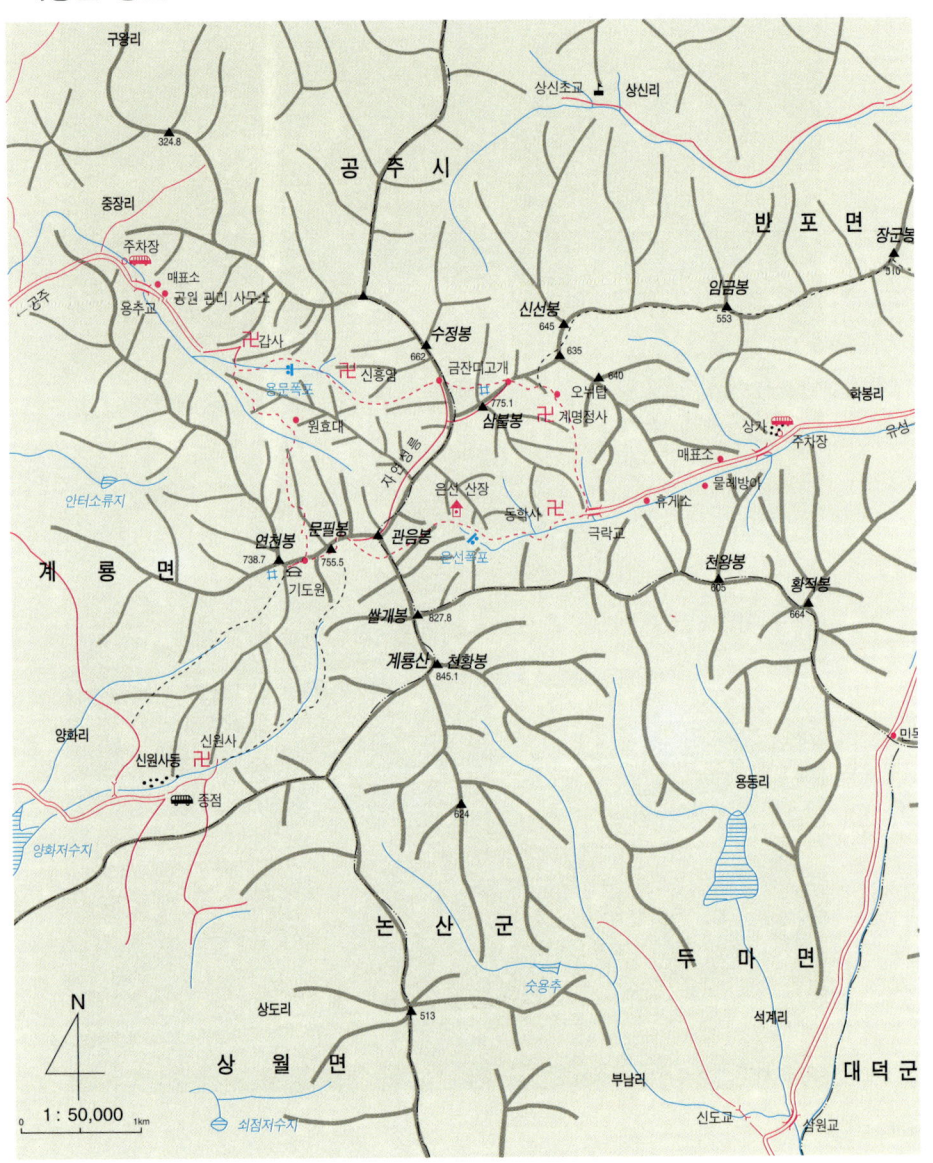

구영리

상신초교 상신리

324.8

중장리

공 주 시

반 포 면

장군봉
510

주차장

임금봉
553

매표소
공원 관리 사무소
용추교

권 갑사

신선봉
645

635

수정봉
662

금잔디고개

신흥암

640

학봉리

용문폭포

775.1

오뉘탑

계명정사

상자

원효대

삼불봉

권 동학사

유성

주차장

안터소류지

매표소

물레방아

은선 산장

권

휴게소

연천봉
738.7

문필봉
755.5

관음봉

은선폭포

극락교

천왕봉
805

황적봉
664

기도원

쌀개봉
827.8

계 룡 면

계룡산 천황봉
845.1

양화리

신원사

신원사동 권

624

용동리

종점

양화저수지

논 산 군

두 마 면

대 덕 군

미동

숫용추

N

상도리

513

석계리

상 월 면

부남리

신도교

삼원교

1 : 50,000

0   1km

쇠점저수지

로를 따라 연산면을 지나 대전—논산 사이를 잇는 1번 국도와 만나는 지점에서 계룡산 쪽으로 조금 달리다 보면 오른쪽 산 아래 도로 옆 평지에 사찰이 하나 보인다. 보기 드물게 평지에 위치한 개태사에는 고려시대에 조성한 삼존불과 동양에서, 아니 세계에서 가장 큰 가마솥이 잘 보존되어 있다.

잠시 개태사를 둘러보고 다시 대전 쪽으로 오다 보면 완만한 고개를 하나 오르게 되는데 이 고개가 바로 용이 마이산에서 거꾸로 300리 끌고와 잠시 쉬었다는 그 유명한 양정고개이다. 이 고개마루 양옆에는 상가들이 들어서 있으며 고개를 넘어서면 좌측으로 이성계가 10개월 동안 국도 공사를 하였던 신도안이 한눈에 들어온다. 지금은 삼군 본부가 자리를 잡고 신도안 앞뜰은 아파트가 들어차 있어 옛모습은 찾아볼 수 없지만 한눈에 들어오는 넓은 뻘과 확 트인 시야, 병풍처럼 신도안을 감싼 계룡산의 상봉과 주변 봉우리들을 보노라면 과연 국도로서 손색이 없겠구나 하는 생각이 절로 든다. 확 트인 도로를 따라 계룡대 쪽으로 들어가다가 다시 오른쪽으로 완만하게 뻗은 고개가 민목재이다. 이 고개를 넘으면 동학사 길이 나온다.

이렇게 유성을 출발하여 동학사—상신리의 구룡사지—갑사—신원사—개태사—신도안을 거치는 길은 환상적인 드라이브 코스가 된다. 계룡산을 둘러싸고 있는 도로는 마치 고구마처럼 길쭉하게 되어 있어 일주를 하는 데 그리 많은 시간이 소요되지 않는다.

등산로

최고봉인 상봉은 845미터밖에 되지 않지만 산행의 아기자기한 맛은 다른 산에 비길 바가 아니다. 그래서인지 휴일만 되면 사시 사철 등산객들로 만원을 이룬다. 계룡산 산행의 아쉬운 점은 상봉인 천황봉에 통신소가 있어 일반인들의 접근이 통제되기 때문에 이를 비켜 산행을 해야 한다는 것이다. 그래서 계룡산 산행을 할 때는 종주라는 말을 잘 쓰지 않는다.

산행의 시발은 크게 동학사, 갑사, 신원사 등 세 곳이다. 이곳에서 출발하여 어느 곳으로 오르더라도 5, 6시간이면 넘어갈 수 있는 코스이기 때문에 전문 산악인이 아니더라도 크게 어렵지는 않다. 그러나 계룡산 일대를 훑는 본격적인 산행을 위해서는 적어도 이틀 정도는 잡아야 할 것이다.

계룡산은 코스를 어떻게 잡느냐에 따라 그 산행의 묘미가 달라진다. 보통 속리산처럼 올라갔다가 다시 같은 길을 되밟아 내려오는 천편일률적인 코스를 답습하는 경우가 많은데 계룡산은 코스가 그리 길지 않기 때문에 넘어가는 산행을 많이 하는 것이 특징이다.

가장 일반적인 산행길은 동학사나 갑사에서 시작하는 코스이다. 먼저 동학사에서 출발하는 코스가 있다. 가벼운 하이킹 정도의 산행으로 계룡산 동학사 극락교—남매탑—동학사 상가 쪽으로 내려오는 길인데 넉넉 잡아 3시간이면 충분하다. 극락교에서 남매탑까지는 오르막길로 가파르지만 남매탑에 식수가 있어 갈증을 풀어 준다.

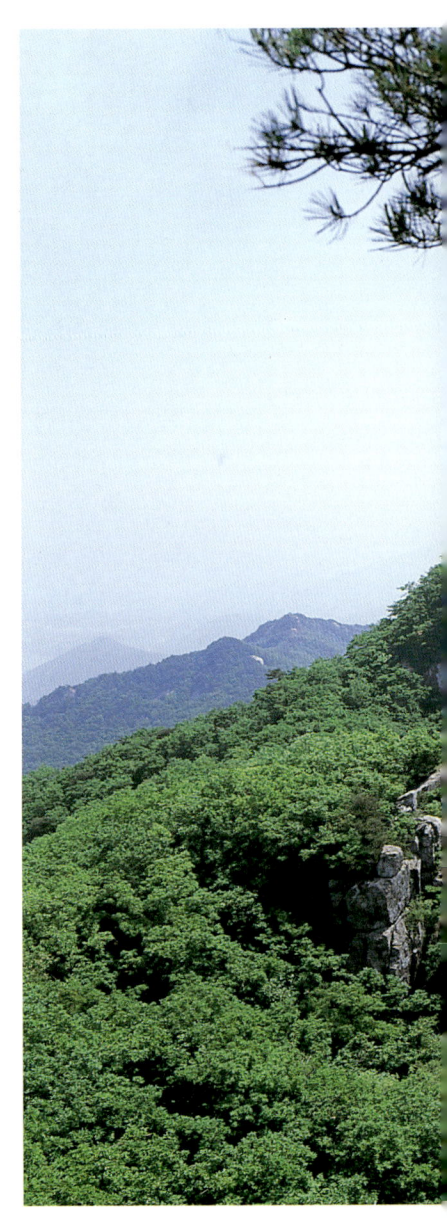

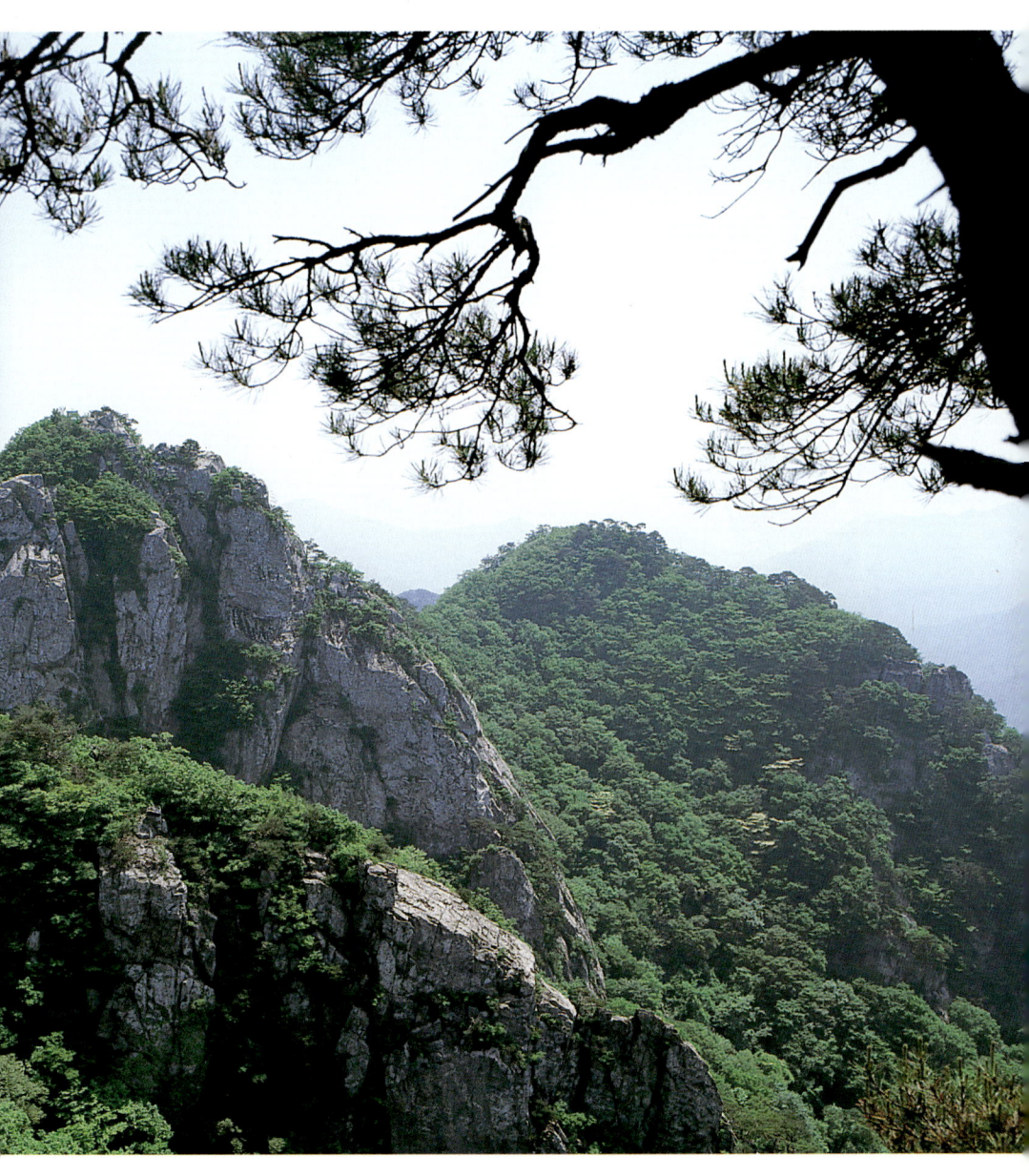

삼불봉 동학사에서 남매탑까지 오르막길을 오른 다음 갈증을 풀고 계속 올라가면 삼불봉에 이르게 된다.(사진 손재식)

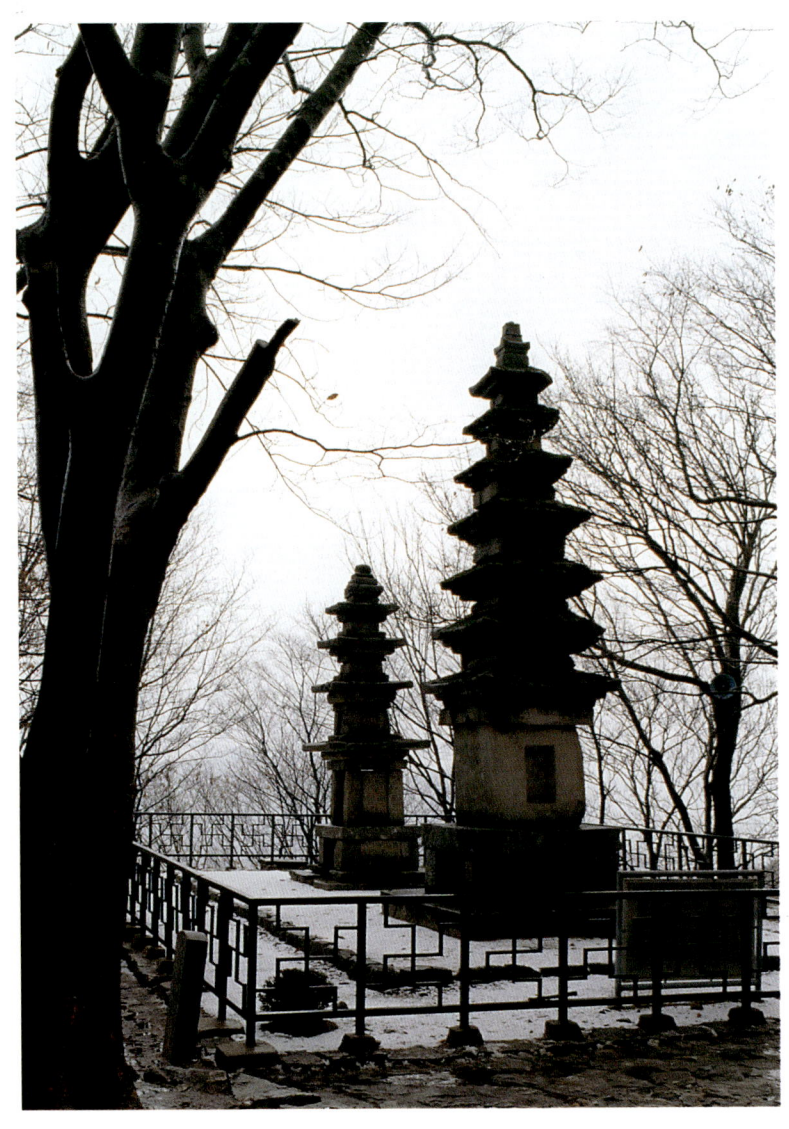

남매탑 동학사에서 갑사로 가는 계룡산 동쪽 중턱에 청량사 터가 있는데 이곳에 애틋한 사연을 간직한 남매탑이 사이좋게 서 있다.

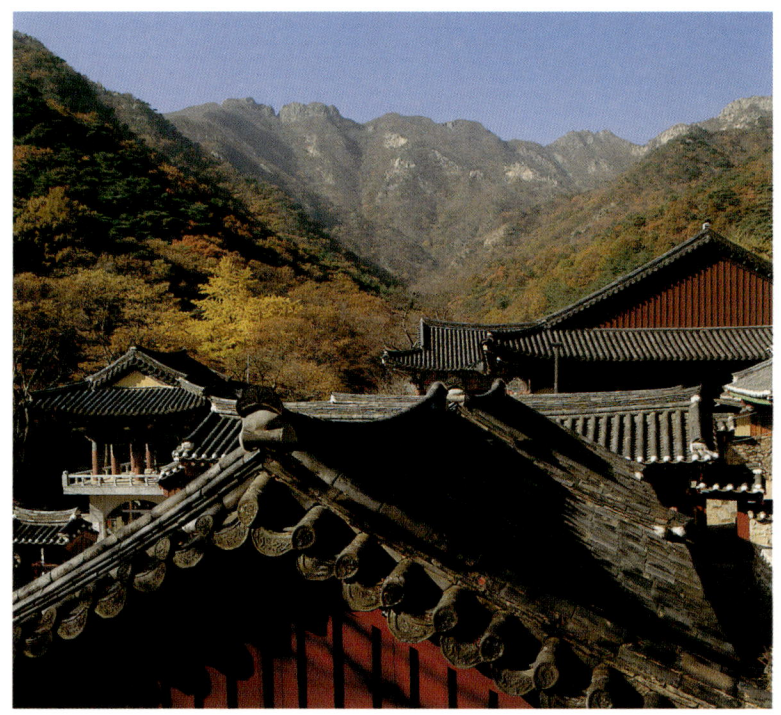

동학사의 가을 계룡산의 산행은 아기자기한 맛을 느낄 수 있는데 가을이면 특히 동학사 주변은 등산객들로 붐빈다.(사진 손재식)

　여기서 계속 올라가면 삼불봉이나 금잔디고개를 지나 갑사에 이르지만, 그렇지 않고 옆으로 빠져 완만한 능선을 15분 정도 내려오면 야트막한 고개가 나온다. 이곳부터는 올라올 때처럼 돌길이 아닌 시골 들길처럼 부드러운 흙길을 밟으면서 동학사 상가까지 내려올 수 있다. 이 코스는 남매탑까지 오를 때는 숨을 헐떡거리며 땀을 쏟지만 내려올 때는 그야말로 산책하는 기분으로 가뿐하게 내려올 수 있다. 동학사 주차장 상가에서 아침 먹고 출발하여 내려와서 점심을 먹을 수 있다.
　두 번째는 동학사에서 갑사로 넘어가는 산행인데 3가지 코스가 있다.

1코스 : 동학사—남매탑
　　　　┌—금잔디고개—신흥암—용문폭포—갑사—갑사 주차장
　　　　└—삼불봉—자연성릉—금잔디고개—용문폭포—갑사—갑사 주차장
2코스 : 동학사—은선 산장(은선폭포)—관음봉—자연성릉—금잔디고개
　　　　—신흥암—용문폭포—갑사—갑사 주차장
3코스 : 동학사—은선 산장—관음봉—문필봉—연천봉—원효대—갑사—갑
　　　　사 주차장

반대로 갑사에서 올라가 동학사로 내려오는 코스이다.

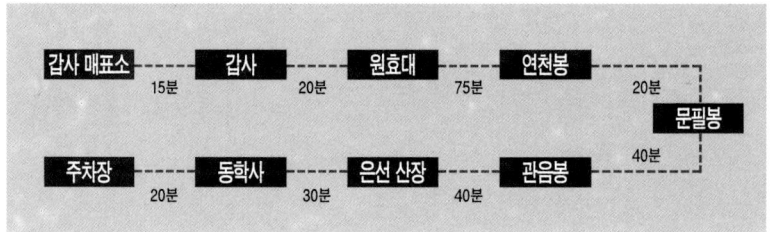

　갑사 주차장에서 원효대를 거쳐 연천봉, 문필봉을 지나 관음봉—은선 산
장을 거쳐 동학사로 내려오는 데 걸리는 시간은 약 4시간이다. 갑사에서
남쪽 길로 가다 계류를 건너면 갈림길이 있는데 동쪽 계곡길을 따라가면
금잔디고개로 이어지고 오른쪽 길로 가면 원효대를 거쳐 연천봉으로 가
게 된다.
　갈림길—용문폭포—금잔디고개—남매탑—동학사까지의 코스는 약 3
시간 정도 소요된다. 갈림길에서 오른쪽 길로 접어들어 원효대를 지나 능
선까지 오르는 길은 경사가 심한 길이나 용문폭포의 계곡길보다 경관이
좋다. 고개에서 서쪽으로 약 7분 정도 나가면 기도원에 닿는데 이곳에서
연천봉은 2분 거리밖에 되지 않는다. 연천봉 동쪽 기도원 서편에 샘이 있

고 넓은 평지가 있다.

연천봉에서 관음봉으로 가는 도중 문필봉부터는 암릉길과 동쪽 사면을 따라 가는 두 길이 있다. 관음봉에는 전망대가 설치되어 있어 계룡산의 아름다운 연봉들을 조망할 수 있는 최적지이다. 관음봉에서 북쪽 자연 성릉의 칼날 같은 암릉을 거쳐 삼봉불까지 이어지 코스가 계룡산에서는 제일 긴박감 있는 코스로 꼽힌다. 삼불봉까지는 약 1시간 정도 걸리는데 겨울의 적설기에는 이보다 훨씬 많은 시간이 소요된다.

관음봉에서 동쪽 안부(鞍部)를 거쳐 은선 산장으로 내려가는 구간은 너덜겅(돌이 많이 깔린 비탈) 지대가 많다. 은선 산장에서는 오른쪽 계곡에 있는 은선폭포와 쌀개봉 능선의 깎아지른 암벽을 바라보면서 동학사로 가게 된다.

다음은 신원사에서 갑사나 동학사로 넘어가는 등산로이다. 여기서는 신원사를 출발하여 연천봉에서 바로 원효대를 거쳐 갑사로 내려오는 방법이 있고, 아니면 연천봉에서 문필봉을 거쳐 관음봉―은선 산장―동학사로 내려오는 코스가 있다. 그러나 신원사에서 갑사나 동학사로 가는 산길은 비교적 한산한 편이다.

참고 문헌

『삼국사기』
『삼국유사』
『태조실록』
『인조실록』
『동국여지승람』
이중환, 『택리지』
서유구, 『임원십육지』
이익, 『성호사설』

계룡출장소, 『신도고사』, 1991.
충청남도, 『계룡산지』, 1994.
김득황, 『한국사상사』, 남산당, 1958.
김영소, 『풍수지리 만산도』, 명문당, 1985.
동아일보, 『계룡산기』, 1924. 12. 1 ~ 1954. 1. 31.
박종익, 『보운』, 충남대학교, 1984.
신일철 외, 「정감록」, 『한국의 민속종교사상』, 삼성출판사, 1990.
안춘근, 『정감록집성』, 아세아문화사.
이광삼, 『신도안 30년 사진』, 삼원사진인쇄사, 1991.
이능화, 「정감록」, 『조선기독교 급 외교사』 하편, 창문사, 1928.
이병도, 「고려시대의 도참사상」, 『한국사상총서』 5, 경인문화사, 1975.
──, 「도참에 대한 일이의 고찰」, 『진단학보』 제10권.
──, 『고려시대의 연구』, 아세아문화사, 1980.
이수봉, 『백제문화권역의 상례풍속과 풍수설화 연구』, 백제문화개발
        연구소, 1986.

이종항, 「풍수지리설」,『정신문화』봄호, 1983.

이희덕, 「한국사상의 원천」,『풍수지리』, 박영문고 80권, 1978.

임경일, 「정감록에 대하여」,『신천지』, 제1권 6호.

정다운, 『정감록』, 밀알, 1986.

최남선, 『조선상식문답』, 삼성문화문고 16, 1972.

최수정, 「정감록에 대한 사회학적 고찰」, 1948.

최창조, 『좋은땅이란 어디를 말함인가』, 서해문집, 1990.

한국일보, 「실화 계룡산」, 1965. 4.

한국정신문화연구원, 「계룡산편」,『한국민족문화대백과사전』, 1989.

빛깔있는 책들 301-25

계룡산

글	—정종수
사진	—서헌강

발행인	—장세우
발행처	—주식회사 대원사

편집	—김분하, 김수영, 최은희, 연인숙
미술	—최효섭, 김석철
기획	—조은정
총무	—이훈, 이규헌, 정광진
영업	—정만성, 강성철, 박은식, 이수일, 최귀심
이사	—이명훈

첫판 1쇄 —1996년 10월 5일 발행
첫판 3쇄 —2003년 4월 30일 발행

주식회사 대원사
우편번호/140-901
서울 용산구 후암동 358-17
전화번호/(02) 757-6717~9
팩시밀리/(02) 775-8043
등록번호/제 3-191호
http://www.daewonsa.co.kr

(円) 값 13,000원

Daewonsa Publishing Co., Ltd.
Printed in Korea(1996)

ISBN 89-369-0186-9 00980

빛깔있는 책들